工廠叢書⑯

品管圈活動指南

陳進福　編著

憲業企管顧問有限公司　發行

《品管圈活動指南》

序　言

　　市場競爭越來越激烈，提高產品質量，降低管理成本，是企業致勝的關鍵因素。

　　根據分析，企業內部的運作中，又 40%的成本源於執行的過失、浪費，員工缺乏改善意識和改善方法，缺少改善的動力。因此，如何激起每一個員工的自動自發精神，激發員工的改善和創新意識，提高品質，降低成本，從管理的細節中，挖掘目標利潤，是企業的成功關鍵。

　　事實證明，**QCC（Quality Control Circle）品質管理圈，就是全員改善活動，是企業管理中應用最普遍，也是最有成效的管理方法之一**，而企業的 QCC 品管圈活動在開發智慧、開發人才、提高質量、降低消耗、增加效益等各方面，已發揮越來越大的作用。

QCC 品管圈活動適用於各行各業，應用範圍越來越廣泛，越來越多企業在開展 QCC 活動，充分發揮員工的潛能和創新能力，發揚團隊合作精神，全員參與質量改善，達到提高企業競爭力之目的。

　　本書是專爲企業推動 QCC 品管圈活動而撰寫，撰寫重點均考慮到企業的執行層面，符合企業需求。在編寫過程中，得到眾多顧問專家以及企業惠賜寶貴資料、建議、指導和幫助，在此表示衷心感謝！

2006 年 11 月

《品管圈活動指南》

目 錄

第一章

QCC 品管圈概論

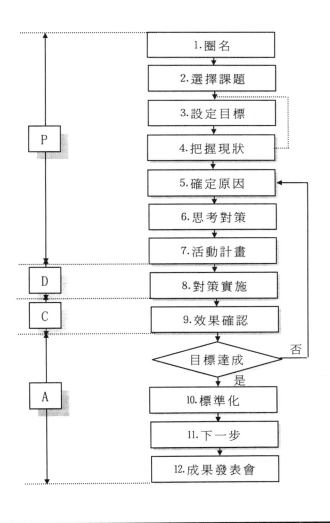

第一節　什麼是 QCC 品管圈（Quality Control Circle）

一、QCC 品管圈定義

品管圈最早是二十世紀五六十年代在日本開展起來的，是由日本的石川馨博士首先提出來的。在二十世紀七十年代傳入，使企業的品質管理取得了長足的進步。在二十世紀八十年代全面品質管制的熱潮中，品管圈活動已發揮到極至。

什麼是 QCC？QCC 英文全稱 Quality Control Circle，中文譯作「品管圈」，也叫「質量圈」。

QCC 品管圈是同一個工作現場或工作相互關聯區域的人員自動自發地進行品質管理活動所組成的小組，這些小組作為全面品質管理活動的一環，在自我啟發、相互啟發的原則之下，利用各種正式和非正式場合，通過集體交流溝通、計畫、實施和總結的過程持續地改進工作質量，發掘工作現場所發生的問題，活用各種統計方法，以全員參加的方式不斷地進行維護及改善自己工作現場的活動。

上述定義可以從以下幾方面來理解：

1.活動小組：同一工作現場或工作相關聯的人員組成圈，人員上至公司高層、中層管理人員、技術人員、基層管理人員，下至普通的員工。QCC 小組一般由 3～10 人組成，人數太少，

方案對策不全面，人數太多，意見難統一，效率和效果反而不明顯。

2.自動自發：QCC 小組活動由各級員工自發組成，通常公司高層領導不會強迫員工實施 QCC 活動，只提供實施 QCC 活動條件和獎勵機制。

3.活動主題：每次 QCC 活動都會有一個明確的主題，圍繞產品生產、技術攻關、技術改良、質量改進、工序改造等方面提出，主題範圍廣泛多樣。

4.活動目的：每次活動都是為了改進企業或部門工作的某個方面，目的是提高效率、效果和效益。

5.活動方法：解決問題的方法多應用現代企業管理科學的統計技術和工具的一種或幾種相結合。

1.品管圈活動的主要特點

QC 小組即品管圈活動具有如下特徵：

(1)廣泛的群眾性。能最大限度地發揮每一位員工的積極性並使其參與到全面品質管制活動中來。

(2)明顯的自主性。能充分發揮員工的主人翁意識，進行主動管理，自覺地參與 QC 小組活動。

(3)高度的民主性。能激發員工創造的熱情，充分發揮每一個員工的聰明才智，對品質管制中存在的問題，充分發揚民主，積極尋求改善之策。

(4)嚴密的科學性。QC 小組活動是基於人性向善的特點，只要充分發揮全體的智慧，科學決策，就能圓滿解決。

2.品管圈活動宗旨

品管圈活動的宗旨有如下幾個方面：

(1)提高員工素質，激發員工的積極性和創造性。

(2)改進質量，降低消耗，提高效益。

(3)建立心情舒暢的生產、服務、工作現場。

正如日本科技聯盟(JUSE)在 1980 年出版並於 1990 年和 1995 年兩次修訂的《品質管制小組綱領》所述，QC 小組活動的宗旨是：

(1)提高一線管理人員的領導能力和管理能力，鼓勵通過自我改進來實施改進。

(2)提升員工的士氣並創造一種人人關心質量問題，人人具有改進意識的氣氛。

(3)在現場作爲全公司品質管制(CWQC)的核心發揮作用。

其蘊藏在這一背後的基本目標是：

(1)發揮人的能力，引申出無限的可能性。

(2)尊重人性，創建有意義的明快的現場。

(3)爲企業素質的改進和發展做出貢獻。

二、QCC 品管圈的精神

品管圈活動的作用具有如下幾個方面：

(1)有利於開發智力資源，發揮人的潛能，提高人的素質。

(2)有利於預防質量問題和改進質量。

(3)有利於實現全員參與管理。

(4)有利於改善人與人之間的關係,增強員工的團結協作精神。

(5)有利於改善和加強管理工作,提高管理水準。

(6)有助於提高員工的科學思維能力、組織協調能力、分析與解決問題的能力。

(7)有利於提高顧客的滿意度。

三、QCC 品管圈與其他企業管理之間的關係

QCC 的應用越來越廣泛,除在生產現場和品質管理應用較多外,隨著對 QCC 活動的作用和效果的深入瞭解和認識,QCC品管圈活動也逐步應用於各類企業管理的方方面面。

1.QCC 與產品和技術開發管理（圖 1-1）

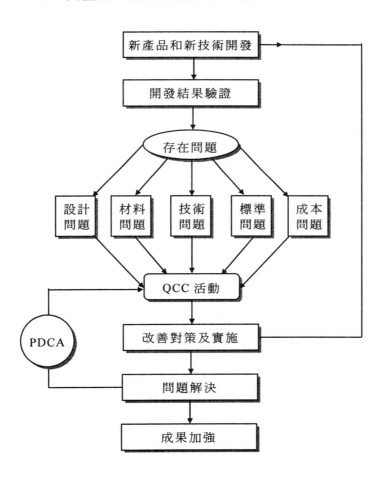

2.QCC 與生產管理（圖 1-2）

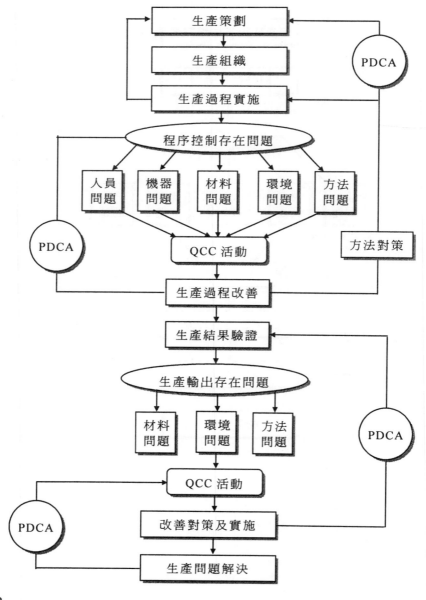

3.QCC 與採購管理（圖 1-3）

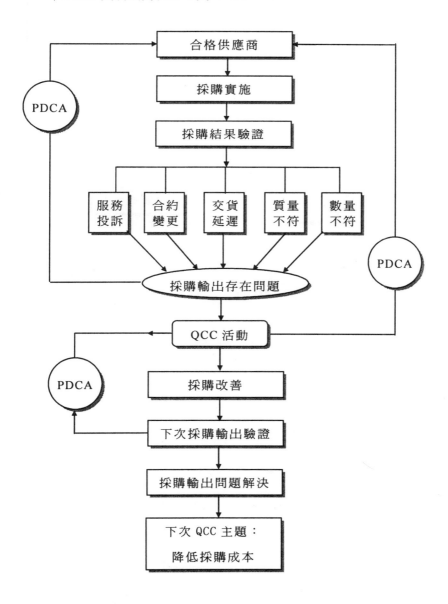

4.QCC 與物料管理。（圖 1-4）

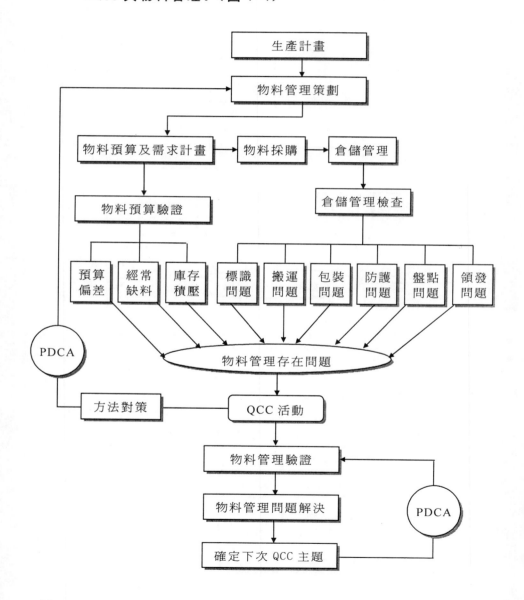

5.QCC 與品質管理。(圖 1-5)

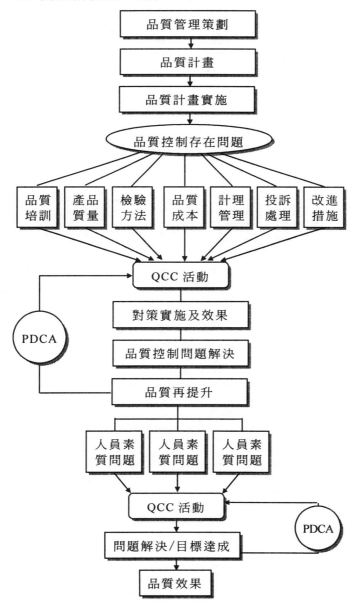

6.QCC 與設備管理。（圖 1-6）

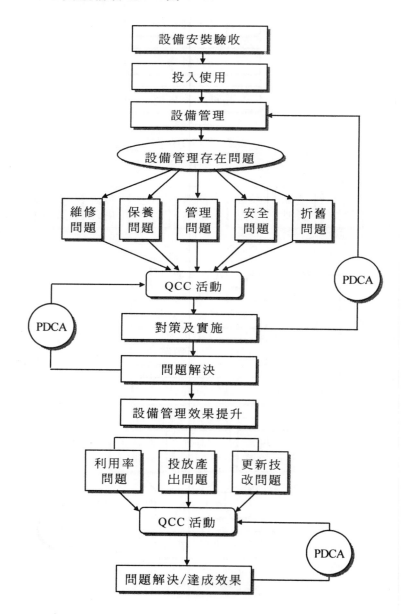

7.QCC 與人力資源管理。（圖 1-7）

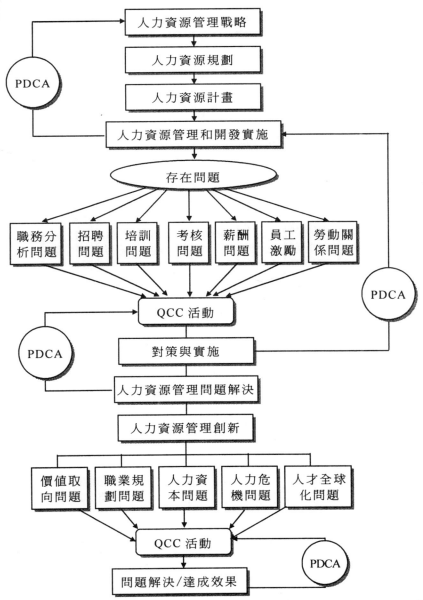

8.QCC 與銷售管理。(圖 1-8)

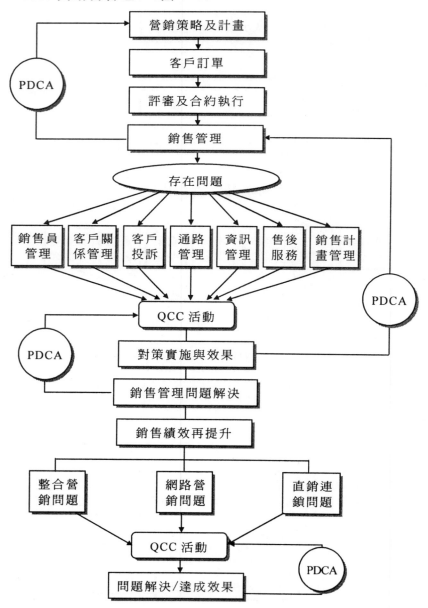

第二節　QCC 品管圈活動的構成內容

QCC 品管圈活動的主要內容，如下：

1. 組圈。
2. 主題選定。
3. 目標設定。
4. 現狀調查。
5. 數據收集整理。
6. 原因分析。
7. 對策制定及審批。
8. 對策實施及檢討。
9. 效果確認。
10. 標準化。
11. 成果資料整理（成果比較）。
12. 活動總結及下一步打算。
13. 成果發表。

一、組圈

(1)根據同一部門或工作性質相關聯、同一班次之原則，組成品管圈。

(2)選出圈長。

(3)由圈長主持圈會，並確定一名記錄員，擔任圈會記錄工作。

(4)以民主方式決定圈名、圈徽。

(5)圈長填寫「品管圈活動組圈登記表」，成立品管圈，並向 QCC 推動委員會申請註冊登記備案。

二、 活動主題選定、 制定活動計畫

(1)每期品管圈活動，必須圍繞一個明確的活動主題進行，結合部門工作目標，從品質、成本、效率、交期、安全、服務、管理等方面，每人提出 2～3 個問題點，並列出問題點一覽表。

(2)以民主投票方式產生活動主題，主題的選定以品管圈活動在 3 個月左右能解決為原則。

(3)提出選取理由，討論並定案。

(4)制定活動計畫及進度表，並決定適合每一個圈員的職責和工作分工。

(5)主題決定後要呈報部門直接主管/經理審核，批准後方能成為正式的品管圈活動主題。

(6)活動計畫表提交 QCC 推行委員會備案存檔。

(7)本階段推薦使用腦力激盪法和甘特圖。

三、 目標設定

(1)明確目標值並和主題一致，目標值儘量要量化。

(2)不要設定太多的目標值,最好是一個,最多不超過兩個。

(3)目標值應從實際出發,不能太高也不能太低,既有挑戰性,又有可行性。

(4)對目標進行可行性分析。

四、 現狀調查: 數據收集

(1)根據特性要因圖(或圍繞選定的主題,通過圈會),設計適合本圈現場需要的、易於數據收集、整理的查檢表。

(2)決定收集數據的週期、收集時間、收集方式、記錄方式及責任人。

(3)圈會結束後,各責任人員即應依照圈會所決定的方式,開始收集數據。

(4)數據一定要真實,不得經過人為修飾和造假。

(5)本階段使用查檢表。

五、 數據收集整理

(1)對上次圈會後收集數據過程中所發生的困難點,全員檢討,並提出解決方法。

(2)檢討上次圈會後所設計的查檢表,如需要,加以補充或修改,使數據更能順利收集,重新收集數據。

(3)如無前兩點困難,則圈長落實責任人及時對收集的數據,使用 QC 手法,從各個角度去層別,作成柏拉圖形式直觀

反映，找出影響問題點的關鍵項目。

(4)本階段可根據需要使用適當之 QC 手法，如柏拉圖、直方圖等。

六、原因分析，找出主要原因

(1)在圈會上確認每一關鍵項目。

(2)針對選定的每一關鍵項目，運用腦力激盪法展開特性要因分析。

(3)找出影響的主要因素，主要因素要求具體、明確、且便於制定改善對策。

(4)會後落實責任人對主要因素進行驗證、確認。

(5)對於重要原因以分工方式，決定各圈員負責研究、觀察、分析，提出對策構想並於下次圈會時提出報告。

(6)本階段使用腦力激盪法和特性要因法。

七、對策制定及審批

(1)根據上次圈會把握重要原因和實際觀察、分析、研究的結果，按分工的方式，將所得之對策一一提出討論，除了責任人的方案構想外，以集思廣益的方式，吸收好的意見。

(2)根據上述的討論獲得對策方案後，讓圈員分工整理成詳細具體的方案。

(3)對所制定的具體對策方案進行分析，制定實施計畫，並

在圈會上討論，交換意見，定出具體的步驟、目標、日程和負責人，註明提案人。

(4)圈長要求圈員根據討論結果，以合理化建議的形式提出具體的改善構想。

(5)圈長將對策實施計畫及合理化建議報部門主管/經理批准後實施（合理化建議實施績效不參加合理化建議獎的評選，而直接參加品管圈成果評獎）。

(6)如對策需涉及圈外人員，一般會邀請他們來參加此次圈會，共同商量對策方法和實施進度。

(7)本階段使用愚巧法、腦力激盪法、系統圖法。

八、對策實施及檢討

(1)對所實施的對策，由各圈員就本身負責工作作出報告，順利者給予鼓勵，有困難者加以分析並提出改進方案和修改計畫。

(2)對前幾次圈會做整體性的自主查檢，尤其對數據收集、實施對策、圈員向心力、熱心度等，必須全盤分析並提出改善方案。

(3)各圈員對所提出對策的改善進度進行反饋，並收集改善後的數據。

九、 效果確認

(1)效果確認分為總體效果及單獨效果。

(2)每一個對策實施的單獨效果，通過合理化建議管理程序驗證，由圈長最後總結編制成合理化建議實施績效報告書，進行效果確認。

(3)對無效的對策需開會研討決定取消或重新提出新的對策。

(4)總體效果將根據已實施改善對策的數據，使用 QCC 工具（總推移圖及層別推移圖）用統計數據來判斷。改善的經濟價值儘量以年為單位，換算成具體的數值。

(5)圈會後應把所繪製的總推移圖張貼到現場，並把每天的實績打點到推移圖上。

(6)本階段可使用檢查表、推移圖、層別圖、柏拉圖等。

十、 標準化

(1)為使對策效果能長期穩定的維持，標準化是品管圈改善歷程的重要步驟。

(2)把品管圈有效對策納入公司或部門標準化體系中。

十一、 成果比較

(1)計算各種有形成果，並換算成金額表示。

(2)製作成果比較的圖表，主要以柏拉圖金額差表示。

(3)列出各圈員這幾次圈會以來所獲得的無形成果，並做改善前、改善後的比較，可能的話，以雷達圖方式表示。

(4)將本期活動成果資料整理編制成「品管圈活動成果報告書」。

(5)本階段可使用柏拉圖、雷達圖等。

十二、 活動總結及下一步打算

(1)任何改善都不可能是十全十美的、一次解決所有的問題，總還存在不足之處，找出不足之處，才能更上一個臺階。

(2)老問題解決了，新問題又出來了，所以問題改善沒有終點。

(3)按 PDCA 循環，品質需要持續改善，所以每完成一次 PDCA 循環後，就應考慮下一步計畫，制定新的目標，開始新的 PDCA 改善循環。

十三、 QCC 活動成果發表

(1)對本圈的「成果報告書」再做一次總檢討，由全體圈員

提出應補充或強調部分，並最後定案。

(2)依照「成果報告書」，以分工方式，依各人專長，分給全體圈員，製作各類圖表。

(3)圖表做成後，由圈長或推選發言人上臺發言，並進行討論交流。

(4)準備參加全公司品管圈發表會。

第三節　QCC 品管圈的實施程序

一、QCC 品管圈活動實施的基本程序

對於每一個 QCC 品管圈從組建到每一個課題的完成，大致有以下的程序（見下頁圖 1-9）：

圖 1-9 說明：

P、D、C、A 各階段中可應用的工具。

P（計畫）階段。

(1)現狀調查：調查表、排列圖。

(2)原因分析：因果圖、系統圖、關聯圖。

(3)要因分析：排列圖、散佈圖、矩陣圖。

(4)制定措施計畫：對策表。

D（實施）階段：各種科學方法並結合專業技術應用。

C（檢查）階段：排列圖、方差分析等。

A（總結）階段：調查表、排列圖。

圖 1—9

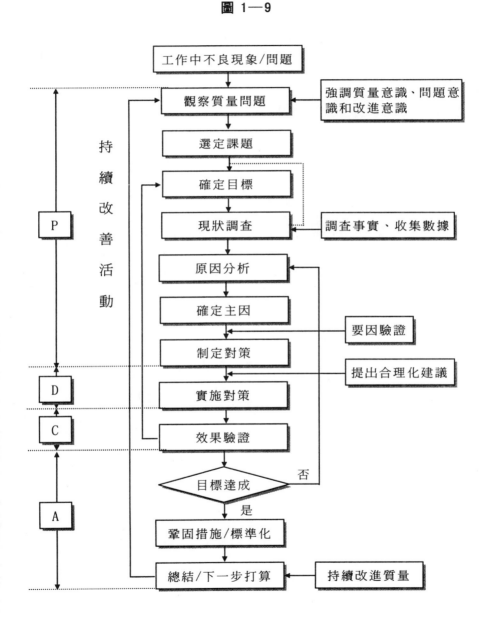

二、QCC 品管圈流程模式及主要步驟內容

表 1-1

工作階段	序號	工作項目	主要內容
準備階段 （P）	1	QCC 品管圈現狀診斷	診斷報告
	2	成立 QCC 品管圈推行委員會	品管圈活動章程 建議推行委會名單
	3	基礎培訓	新舊 QC 七大手法培訓 統計方法培訓
實施階段 （D）	4	品管圈選題理由	選題檢查表
	5	品管圈課題選定	課題的決定
	6	品管圈註冊登記	QCC 品管圈登記表
	7	制定品管圈推行計畫	活動計畫表 主要作業流程圖
	8	現狀調查，發掘問題	現狀調查表、排列圖
	9	目標值設定	目標柏拉圖、目標直方圖
	10	原因分析	特性要因圖或系統圖、關聯圖
	11	原因驗證	原因驗證分析統計表
	12	制定對策措施和工作計畫進度	對策實施計畫表
	13	對策試行，檢討對策	對策驗證分析統計表
	14	實施	實施計畫及過程記錄
檢查階段 （C）	15	效果檢查	社會效益、經濟效益總結分析
	16	鞏固措施和標準化	制修訂作業標準、技術規範
	17	總結及下一步打算	遺留問題的提出
總結階段 （A）	18	QCC 品管圈活動記錄匯總	會議記錄、培訓記錄、改善措施各項原始記錄
	19	QCC 品管圈成果報告編寫	QCC 品管圈成果報告/論文
	20	成果發表交流	發表用投影片

第四節　QCC 活動對人的改善作用

QCC 活動對現場管理的改善，也稱現場管理五要素改善，即人、物料、設備、環境、方法：

QCC 品管圈活動對人的作用主要表現有：

1. 提高工作主動性和自發性。
2. 增強責任心和敬業精神。
3. 增強團隊合作精神。
4. 提高組織和溝通能力。
5. 提高分析和解決問題能力。
6. 提高工作技能和素質。
7. 提高工作熱情和互相幫助精神。
8. 增強改善意識。
9. 增強企業的凝聚力。
10. 增強創新精神。
11. 提高成本意識。
12. 增強時間效率意識和節約意識。
13. 增強品質意識。
14. 增強服務意識。
15. 提高執行能力。用樹狀圖表示（見下圖 1-10）。

圖 1-10

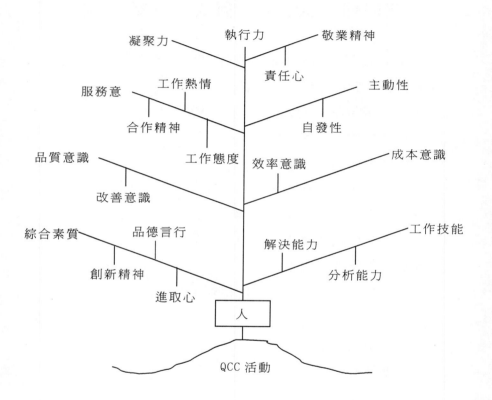

第五節　品管圈的未來及其發展

　　品管圈曾經有過輝煌，也確確實實產生了效果，但隨著時代的發展，品管圈 QC 活動引向深入的同時，對於一些複雜問題的改善，也凸現出其改善的局限性。因此品管圈也有改革的必要，具體表現在如下幾個方面：

　　1.QC 小組進一步微型化。隨著員工素質的不斷提高，QC 小組的成員會減少，因為員工也可勝任圈長之職。而原來的大組長則可擔當推進者或顧問的角色。

　　2.形成了 QC 小組聯合體。QC 小組聯合體常由 QC 小組按生產線組織在一起，或是製造 QC 小組，或是檢驗 QC 小組結合在一起，這些 QC 小組結合在一起解決質量問題更有效果。

　　3.員工成為 QC 組長。過去是由班組長擔任 QC 組長，但 QC 小組成員在質量改進活動中取得成績和經驗，他們中的許多人都在擔任 QC 組長，日本現在就實行每個員工輪流擔任 QC 組長，即輪換制。

　　4.建立 QC 小組活動的自主管理體系。QC 小組的各種會議均由分工負責的成員來主辦。企業的主管和大學教授只是擔任顧問角色。

　　5.QC 小組選題的擴展。QC 小組選擇課題時，不僅包括減少缺陷、提高生產率、降低核對總和製造成本，還包括設備維修、生產計畫以及其他方面的改進。

6.所用技術得到了改進。在 QC 小組活動常用的工具有分層圖、排列圖、檢查表、直方圖、因果圖、控制圖和散佈圖七工具，此外，還用到諸如回歸分析、過程能力分析、方差分析、價值分析等技術。

7.支持性領域的 QC 小組活動。QC 小組活動範圍進一步擴大，不僅僅局限於製造和檢驗，採購、貨倉、物流、行政、後勤等輔助領域也應用 QCC 工具，並取得成效。

8.外協廠的 QC 小組活動。生產零部件或中間半成品的外協廠也實施 QC 小組活動，對保證質量是必不可少的。母公司鼓勵子公司建立 QC 小組，而且解決質量問題在子母公司之間是非常有效的。

9.服務業的 QC 小組活動。隨著 QC 小組活動的蓬勃興起，QC 小組活動也向服務業轉移，在醫院、賓館、銀行、超市，QC 小組活動也取得了豐碩成果。

10.創新管理的 QC 小組活動。隨著管理創新和技術創新的興起，QC 小組活動也在向管理和技術創新的方向發展，在企業的管理和技術部門也在廣泛開展 QC 小組活動，日本企業在這方面已先行一步，企業應該奮起直追，在創新管理方面有所作為，這也是 QC 活動的發展方向。

第二章

品管圈活動的圈名

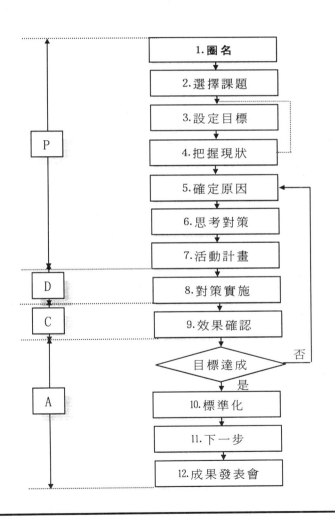

第一節　如何組建品管圈

一、組織一個品管圈

(1)根據同一部門或工作性質相關聯、同一班次之原則，組成品管圈。

(2)選出各種人物擔任工作。

(3)由圈長主持圈會，並確定一名記錄員，擔任圈會記錄工作。

(4)以民主方式決定圈名、圈徽。

(5)圈長填寫「品管圈活動組圈登記表」，成立品管圈，並向QCC 推動委員會申請註冊登記備案。

二、QCC 品管圈組建程序

圖 2-1

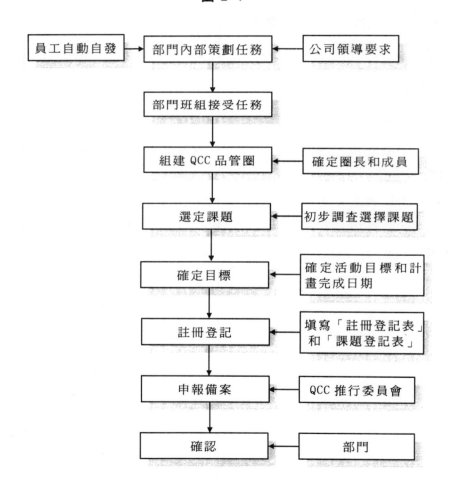

1.選定圈長。

圈長是推行有效品管圈活動的靈魂人物,所以圈長的選定很重要,一般圈長選定可依據下列原則:

(1)剛開始推行品管圈活動時,最好是以基層班組長為圈長。

(2)當品管圈活動穩定下來時,相互推選有領導能力且具有工作經驗和技能的實力者。

(3)當品管圈活動趨於成熟時,圈員水準也較高時,可以採用每期輪流擔任圈長。

2.確定圈名。

圈名由全體圈員共同討論命名,選取富有象徵意義且與品管圈活動內容相近的名字。如:奮進號、火車頭彩虹號、前進號、尖兵小組奔騰號等。

3.品管圈的註冊登記。

品管圈活動與其他管理活動的一大區別是必須經過註冊登記,只有經過註冊登記的品管圈才能得到公司和部門的認可。

註冊登記可以激發品管圈成員的責任感和榮譽感,也便於公司和部門瞭解品管圈所開展的活動及其成效。

經過註冊登記的品管圈,在活動開展過程中,有利於取得公司領導和部門負責人的支持,也有資格參加優秀品管圈活動的評選。

第二節　品管圈活動介紹

一、品管圈的編組

1.品管圈編組的目的

(1)使方針、目標貫徹到現場作業者。

(2)確定品管圈在組織上的位置。

(3)推進自主自發的管理活動。

(4)提高圈的品質意識、問題意識、改善意識。

2.品管圈的編組原則

(1)目標相同——能進行永續性活動。

(2)工作場所相同——能共同建立輕鬆愉快的工作現場。

(3)工作性質相同——能大家一起做改善活動。

(4)人數以 3 至 7 人爲宜——最多也不要超過 10 人，使圈會能順利進行。

3.品管圈的編組形式

(1)以主管或帶頭人爲圈長編成品管圈

圖 2-2

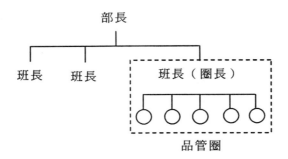

(2)班長下面再細分編組成品管圈

圖 2-3

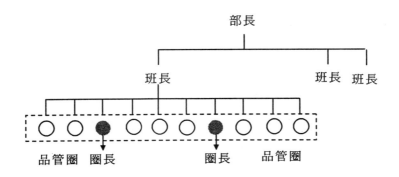

二、品管圈的產生

1.圈長的產生

圈長是推行品管圈活動的原動力。是整個圈的靈魂人物，所以圈長的選定非常重要，一般圈長人選，可依下列原則選定：

(1)剛開始推行品管圈活動時，最好是以最基層的監督者（即班長）為圈長。

(2)品管圈活動已穩定下來時，互相推選有領導能力、具有實力者為圈長。

(3)品管圈活動已趨於成熟，圈員水準也相當高時，可以採用每期輪流當圈長。

2.圈名的決定

圈員共同決定後命名，最好選富有持久性及象徵工作性質和意義的，如：

同心圈：以行動配合 QC 手法，以分工方式發揮團隊精神，互相切磋，同心協力，為達成工作目標努力。

踏實圈：「腳踏實地」工作；「腳踏實地」做人；「腳踏實地」處事；「腳踏實地」生活。

愛因斯坦圈：以愛因斯坦的智慧，不斷開發腦力資源，找尋更科學、更具效率的工作方法。

其他如 QQ 圈、集思圈、協力圈、挑戰圈、創新圈、攻關圈、精英圈、先鋒圈等。

3.品管圈登記

品管圈組成後，立刻向工廠的推行總部登記。

(1)登記的意義

①品管圈成立，並向推行總部自主登記，可表現出品管圈是自主性而非命令式的活動。

②品管圈向推行總部登記後，產生參與感及榮譽感。

③向上司、同事宣佈，自己已正式成為品管圈的一員。

(2)登記的內容

一般先決定下列各項目，填入規定表格（如表 2-1），並向總部登記：①圈名；②圈長；③圈員；④所屬單位；⑤工作內容。

表 2-1　品管圈登記卡

成立日期：			登記號碼：			
申請登記日期：			登記日期：			
公司名稱		圈員姓名	性別	年齡	工作內容	
廠址						
電話						
所屬部門						
圈名						
輔導員						
本期活動 題　　目						
部門主管		品管圈 委員會				

37

三、 品管圈活動應盡的職責

1.圈員的職責

圈員的職責是透過日常的品管圈活動努力提高生產力，維持及改善品質。使自己的工作現場變得輕鬆愉快，生活得更有意義。

(1)熱心參加圈會，積極參與活動。

(2)圈會時活躍地發言，協助圈長建立活潑的開會氣氛。

(3)熱心地分擔所分配的實施項目。

(4)靠圈員自己的力量，建立良好的人際關係。

(5)透過品管圈活動消滅不良，保證品質。

(6)確保現場的安全及自己的安全。

(7)遵守作業標準、實施作業。

(8)造成輕鬆愉快而有人生意義的工作現場。

2.圈長的職責

(1)領導品管圈活動。

(2)決定品管圈活動的方向。

(3)建立圈員協助、全員參加、全員發言、全員分擔的體制。

(4)建立全體圈員的良好人際關係。

(5)與其他圈保持良好的關係。

(6)協助圈員會議，推行委員會等活動。

(7)指導圈員有關技術、改善方法、統計方法等。

3.部門主管的職責

(1)培養圈員積極自主的活動氣氛。

(2)提供明確的目標和具體的方針。

(3)積極說服高階層，促其鼎力支持品管圈活動。

(4)對於活動進行狀況能完全瞭解。

(5)協助選定有意義的活動題目。

(6)盡力援助品管圈解決困難。

(7)經常表揚推行品管圈有功人員以激勵士氣，並對活動結果給予適當評價。

4.高階層的職責

(1)正確理解品管圈活動的意義。

(2)培養品管圈活潑的環境。

(3)明確品管圈活動的具體方針（高階層對品管圈所期待的是什麼）。

(4)正確評價品管圈活動，並多加稱讚。

(5)不要以有形成果為重點，應以如何使品管圈活動能永續為重點來培育及評價品管圈。

四、品管圈輔導員

總部應成立「品管圈推動中心」，並指派專人為品管圈輔導員。

1.輔導員職責

(1)實施圈長與圈員的品管教育培訓。

(2)培養圈員自動自發參與圈會的風氣。

(3)促使品管圈活動與部門內的日常業務完全連接。

(4)充分掌握圈員對於品管圈活動的想法和作法。

(5)正確地指導圈員應用品管手法，以提高活動能力。

(6)選定活動改善的問題。

(7)對於品管圈本身無法處理的問題給予協助和精神上的鼓勵。

(8)輔助品管圈活動的持續性和永久性。

(9)協助圈會順利進行。

2.輔導員需具備的基本條件

(1)對品管圈活動有充分瞭解。

(2)對品管圈活動要有興趣和熱心。

(3)對品管圈活動要有信心和耐心。

(4)要有溫和的性情。

(5)要有接納的肚量。

(6)要有豐富的知識和責任感。

(7)善於表達想法，有靈敏的反應。

3.輔導時機

(1)活動遇到困難。

(2)活動沒有進展。

(3)未能達到預期的工作進度或目標。

(4)未能充分發揮圈員的能力。

(5)行為表現不適當、不負責任或意氣用事。

(6)圈員彼此間不能和睦相處。

4.輔導的要領

(1)避免空洞的理論,積極尋求實際可行的具體方案。

(2)把圈的困難視為自己的困難,以同處困境的心情謀求解決途徑。

(3)認定人有自主的能力,採用啟發方式,不應採用大刀闊斧的手段。

(4)以人性向上的善性,引導進入理性的境界,並激勵其辨別是非的能力。

(5)不讓圈員以為是在「指示」他們什麼,應讓他們有共同從事一項建設性改革的感覺。

(6)耐心地傾聽圈員說明的問題點和原因,讓對方知道您對他們的尊重和關心,由此以引發圈員尊重自己,並體會人生的意義和真實感。

(7)尊重圈員的人性及自主性,輔導其建立自信與自愛,進而培養和睦友善的人際關係。

(8)不用「命令」、不用「要求」與「企盼」、也不強迫對方一定要如何做,讓圈員自行做最後決定。

五、品管圈圈會

品管圈活動能否順利進行,主要取決於能否透過充分地交換意見提高全員的參與意識。

1.圈會的任務

(1)由圈員全員的意思決定品管圈活動的進行方向。

(2)透過圈會達成圈員相互的意見調整、疏通想法、工作交換。

(3)透過圈會充分發揮圈員的能力。

2.圈會的方式

表 2-2

分類	時間	內容	方法
日常管理圈會	早會的活動	圈長對圈員的傳達、聯絡、報告、教育。進行「日常管理的圈會」。	・向圈員報告，說明工作中應注意事項。 ・介紹新作業標準或規定的內容。
啟發學習圈會	工作時間內活動	利用等待材料、改變材料或生產變更的空檔時間，集合部分圈員進行「啟發學習的圈會」。	・有關新工作的實施教育。 ・針對日常作業中所發生的問題，具體地加以教育。 ・實施作業指示書的教育。 ・修正作業指示書不完備地方。
改善活動圈會	工作時間外的定期活動	按照活動計畫召開圈會，進行「改善活動的圈會」	・為解決上司交待下來的特別事項的改善活動。 ・依照改善活動 15 週的內容進行改善活動。 ・提高效率的實例教育。 ・降低成本的實例教育。 ・品管圈活動計畫的推進。
增進感情圈會	放假時的活動	在郊外或運動場進行「增進感情的圈會」。	・一起郊遊，放鬆心情增進感情。 ・舉行保齡球、籃球比賽。 ・相互溝通、協助，交換意見。

3.開圈會的時機（表 2-3）

圈會的時機	頻率	時間	地點
(1)早會時間	每天	10 分	工作現場
(2)上班中經請示批准開會	有問題時	30～60 分	圈會室
(3)工作告一段落或工作空檔時	有機會時	10～30 分	工作現場
(4)輪班制利用交接班時間	定期每週	60～90 分	圈會室
(5)利用中午休息時間	每週	30～60 分	餐廳
(6)下班後	定期每週	60～90 分	圈會室
(7)利用假日（如郊遊、聚會時間）	高興時	半天至 1 天	郊外

4.圈會的準備

圈長儘早擬好會議計畫，圈員必須事先充分準備好參加圈會。

(1)會議計畫：（表 2-4）

項　目		內容	事例
爲何（why）	理由	會議目的	爲選取活動題目
什麼（what）	主題	議題	活動題目的選定
誰（who）	人	出席者	圈員全員、上司
何時（when）	時間	月　日	年　月　日時分～時分
何處（where）	場所	會議場所	會議室
如何（how）	方法	會議的進行方法	討論方式（腦力激盪法）

· 圈長最遲在會議 3 天前做好準備。

· 圈長必須明確會議計畫。

· 圈長必須先確認出缺席者，聽取缺席者意見。

· 查檢前次的調查事項。

(2)開會次數與時間：

定期每週 1 次，每次 1~2 小時。

(3)開會場所：

開會場所儘量選接近工作現場、氣氛良好的地方或圈會室。

5.圈會的進行方法

(1)圈會程序：

圈會必須全員努力，準時舉行。

· 圈會的目的。

· 前次調查事項、保留事項。

· 活動進行狀況及問題的提出。

· 各項題目的討論。

· 決議事項的確認。

· 工作分配。

· 結論。

· 下次圈會的預定。

· 圈會記錄。

(2)主持圈會注意事項：

· 造成全員都能輕鬆發言的氣氛。

· 有必要由圈員檢討的議題優先討論。

· 一個議題充分討論有結果後，再進行下個議題。

· 講求效率，在預定時間內結束。

(3)圈會進行時應注意事項：

· 不要遲到。

· 出席者對問題要確實把握。

· 不要只對特定的人來談。

· 不要個人攻擊。

· 不要感情用事。

· 不要固執非現實的意見。

· 多聽取他人的意見，不要只主張自己的意見。

· 對不發言的人不要任其緘默。

· 尊重有創造性的意見。

· 明確圈會的開始與結束時間。

· 遵守預定時間。

(4)會後應注意事項：

· 圈員需認真實施所分擔的工作。

· 圈長隨時掌握活動實施情況，必要時給予應有的助力。

· 把決議事項向缺席圈員說明，並轉達分擔的工作使其瞭
  解。

· 與需要配合的其他單位聯繫。

· 向上級呈閱圈會記錄。

· 請求上級協助解決困難。

· 請輔導員幫忙。

6.會議記錄的寫法

(1)依照會議的程序

火車頭小組第　　次會議記錄

· 時間：　　　年　　月　　日　　時　　分

· 地點：

· 出席人員：　　　　　　　　　· 列席人員：

· 主席：　　　　　　　　　　· 主席報告：

若主席及記錄輪流擔任，則小組長宣佈開會後，向大家介紹主席及記錄

· 上次會議決議事項執行情形追查報告

小組長要確實追查，並詢問大家有無意見

· 討論事項

a · 議題的決議（用條文式或圖表等簡明表示）

b · 記錄要點：什麼問題，用什麼樣的解決方法，誰去做，何時完成。

· 臨時動議

有關品管小組活動問題的建議。

· 研討時間

為提高工作品質及解決問題能力所需的教育訓練。

· 輔導員指導

針對本次議題結論及活動方法提出建議及鼓勵。

· 下次會議時間及地點（主席或記錄輪流或互選時，應先決定，以便輪流主席準備）

· 結論確認

主席覆述決議事項及負責人、完成日期等

· 散會

記錄散會時間

主席簽名：　　　　　　　　　　記錄簽名：

(2)簡便的記錄方式

・記錄時間、地點、出席人員、列席人員。

・也可用表格填記。配合活動步驟設計表格。

例如：

問題	解決方法	何人負責	何時完成	追查

第三章

品管圈活動的選題

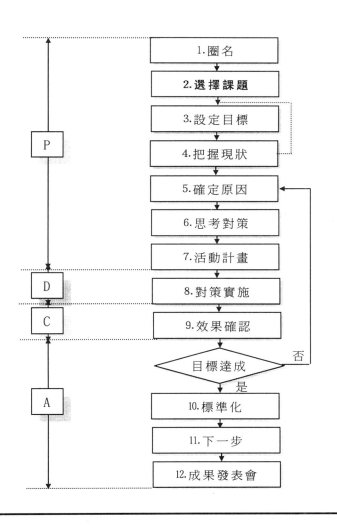

第一節　選題理由的展開流程

主題選定的好壞往往是決定 QCC 改善活動能否取得最佳效果的關鍵因素之一。

現場改善成員在推廣活動時存在一些困惑，比如：第一，主題的選定應該由誰進行？第二，應該選用什麼樣的主題作為改善點加以突破。主題的選定絕對不可以由上司或領導強加指示或者圈長本身獨自定奪，如果這樣的話，不僅無法得到圈員的鼎力相助，更無法讓活動依照預期進度有序地展開。主題的選定並不是把工作當中發現的所有問題全部當作主題來進行解決，有些輕而易舉就可以解決的問題，就不用如此了，而且不管在時間和精力上，對於一個團隊來說幾乎是不可能的事情，即使可能，主題數一多就會失去改進方向，致使許多改進主題無法按時有效地開展下去，導致無效果，無效率的問題解決活動。

圖 3-1　選題理由的流程圖

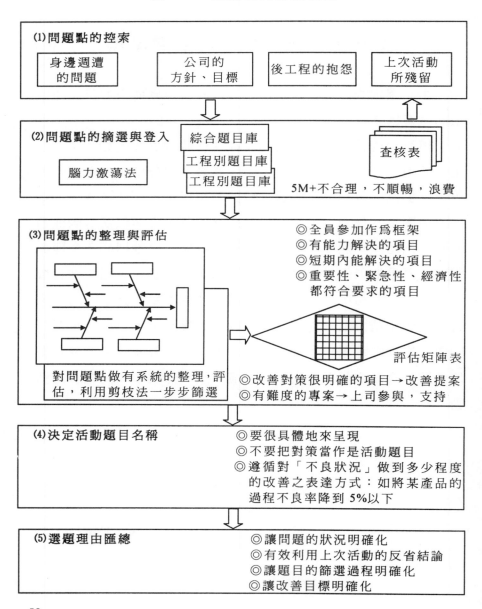

第二節　品管圈選題的關鍵點

1.找出問題點

選定題目的重點，就是要多花時間去生產現場收集有關問題數據記錄，如：檢驗記錄、點檢記錄、查檢記錄。

- 平常就要花時間去收集、記錄問題點，參與事例 2～6；
- 對現有生產過程或運作流程與做法持有問題意識和改善意識；
- 帶著懷疑的眼光去觀察現有的作業流程；
- 用心聆聽圈員的意見和基層作業員的意見；
- 隨時關心現有做法是否會給後過程添麻煩；
- 巡查廠房現場，隨身攜帶便條紙，看到不合理、不順暢的環節就作記錄；
- 積極和上司討論，就所選定的問題點達成一致意見；
- 該摘選那個問題才好，一定要全體圈員有了共識之後才做決定不要有貪多求快但不求好的心態，欲速則不達。

問題就是期望水準或目標與現有水準對比所表現出來的差距，要抱著「問題到處都是」的想法去現場用心觀察身邊的事物，並從中找出問題點。

- 從平時感到最困擾、最不方便、會很耗費體力的事物來發掘身邊的問題點；
- 詳細瞭解公司方針及現場問題，以掌握必須解決的問題；

・分工合作找出問題,如:由 A 找成本問題,B 找品質問題,
C 找交期問題等;

・注意力朝向工作是否不合理,材料或作業是否浪費,品
質是否不均等現象;

・到其他標杆現場進行觀摩、交流等活動,相互比較,以
提高問題意識;

・活用問題發現檢查表,將過去的經驗或學習成果整理成
問題發現檢查表;

・從上次現場改善活動的反省,以及所殘留下來的問題點
來做篩選。

2.問題點的摘選

改善主題的累積關鍵點是當問題發生的時候要及時加以記
錄,這樣才能避免一時找不到改善主題或找不到改善方向。

(1)經由腦力激盪法(Brainstorming)來摘選。

・應用腦力激盪,由全員共同探討找出問題點。

・[腦力激盪的原則]:嚴禁批評;自由奔放;多多益善;
順便搭車。

・要求團隊相關成員對自己所提的問題點要做詳盡解說,
以便取得大家認同。

・利用題目庫、問題點記事簿、特性要因圖、Why Why 等方
法來累積問題點。

・活用問題點發掘檢查表(5M1E,不合理、浪費、不順暢、
5W2H)來發掘問題。

(2)問題點的表達必須非常具體

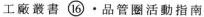

問題點切勿以抽象的表達方式加以呈現，而應該應用數據等內容盡可能做具體的呈現。

· 問題點的表達方式要詳盡而週全

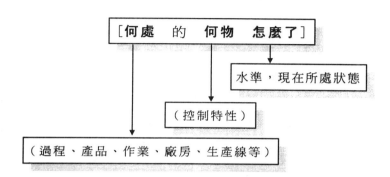

如：換模具的作業時間太長；裝配過程的超聲波焊接不良率偏高等

· 應用數據及其他資訊，做定量的呈現

（例：有許多不良——產生了 5%的不良品）主題之表達必須是只看主題就有幹勁，而且一看就知道目的的表達方式

3.問題點的整理、評估

⑴從重點項目裏來做評價

活用題目選定矩陣表，當欲選定一個改善主題時，就應從對自身業務貢獻程度大的項目裏摘選。

· 問題點對現場影響的程度又是如何呢？如不解決，後果
　會是什麼？（重要度）

- 該問題必須在何時才能加以解決，非做緊急改善不可嗎？（緊急度）

- 與問題解決之前比較，預計能收到多少改善效果，效果大嗎？（效果性）

- 改善所需的週期和費用又是如何呢？符合投入/產業比嗎？（經濟性）

(2)從團隊的實力層面來做評價

要選取和自己團隊實力、能力相配合的問題點。當然，不能選取範圍太窄的題目，也不能選取太大，在有能力改善的基礎上加上 5%的難度挑戰性題目爲佳。

- 是全體成員都有能力做到的問題點嗎？拒絕個人英雄主義（全員參與）

- 是屬於自己團隊的責任而被挑選出的嗎？（自身職責的問題）

- 是要全員發揮最大能力還是稍微做小改變就可以解決的問題？（實力發揮）

- 能在 3～4 個月內解決嗎？（短期裏解決）

(3)取得上司和團隊成員認可

一旦摘選出問題點，就必須進一步取得上司和團隊成員的認可，一來可以順利取得問題解決所必須的資源；二來可以使活動順利地加以展開。

- 和上司討論以便取得對改善主題的認同和獲取適當的資源

- 對於上司的意見，圈長不可獨斷獨行，而要和全員詳加

討論，取得一致意見後再做進一步的決定

‧最後將選的問題點加以公佈

4.決定題目名稱

(1)以降低不良來展現

‧題目名稱的重點要以對改善的不良狀況改善到某種程度來加以展現，如：降低塗裝工程的表面髒汙不良。

‧適合以**消除不良型**來表達，儘量避免以**提高良好程度**來表達，此種表達方式適合消除不良型之 QC Story，否則容易陷入問題被動解決局面，如：提高良品率→降低不良率，提高交貨準確度→降低交貨延誤次數。

‧將不良狀況和改善目標用數值來加以展現的話，可立即成為具體的題目。如：將塗裝工程的表面髒汙不良從 5% 降至 2%。

(2)不要以對策或手段作為主題名稱

‧有很多題目的名稱只是被當作應急對策而展開的表面項目，對引要特別引起注意，如：改善噴的作業方法→降低噴的不良率→加強銷售員的產品知識教育→降低銷售員對產品知識的不足。

‧有很多題目並沒有做現況把握和要因分析，對對策先行的題目，要特別注意，比如，製作客房備用物品的標準化手冊→降低客房備用物品的忘記次數，製作住宿預約電話處理手冊→縮短住宿預約電話等待時間。

‧如有必要，可以加入副主題，以強調問題解決活動的特點。如，縮短研磨機的修理時間──充分提升設備的嫁

動率（副主題）。

(3)優秀主題的必要條件

‧圈員共同的主題，每個圈員的潛力可以得到充分發揮；

‧符合活動圈本身問題解決能力的主題；

‧與部、課、公司目標和方針相關的主題；

‧工作上需要性高的項目，涉及到每個自身工作的主題；

‧具有挑戰性，需要圈員努力方可達成的主題；

‧可以有效地收集數據和有效展開活動的主題。

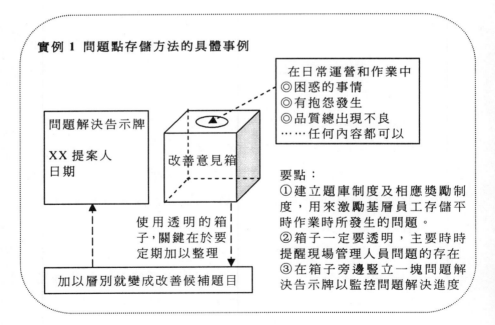

實例 1 問題點存儲方法的具體事例

實例 2 利用特性要因圖整理出的具體事例

要點：
①現場的問題點一旦發生了就立即寫上去，然後從中來選出題目，當題目完成就標上記號
②針對性同一問題的再次發生，這很有可能標準化措施防範不夠或者問題解析不徹底，需要再次檢討

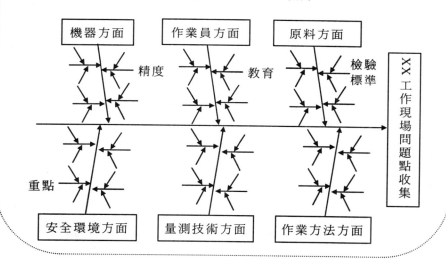

實例 3 活用矩陣圖來選定題目的具體事例

要點：
①題目選定矩陣圖，透過評價項目對眾多問題進行篩選
②詳細瞭解評價細節，讓篩選達成一致意見

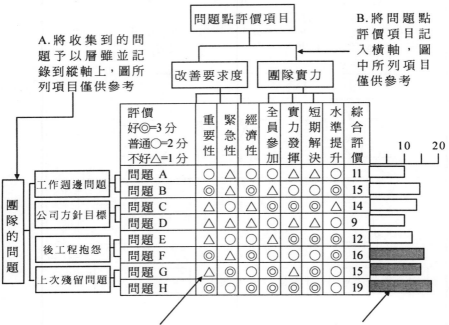

A.將收集到的問題予以層雖並記錄到縱軸上，圖所列項目僅供參考

B.將問題點評價項目記入橫軸，圖中所列項目僅供參考

C.由團隊針對縱軸和橫軸的交點進行行討論，做出評價決定，並將評價符號記入其中

D.將評價符號換算成總得分，並決定綜合評價的結果，如有可能，畫成圖表便於查看

實例 4 利用改善庫及矩陣圖篩選題目的具體事例

A. 設置綜合改善庫，來存放從高層領導到現場管理者所提出的問題點

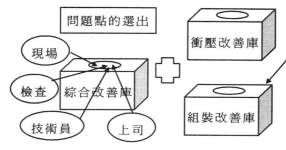

問題點的選出

現場

檢查　綜合改善庫

技術員　上司

衝壓改善庫

組裝改善庫

B. 依工程別來收集各自的問題點，並製作相應的工程別題庫

C. 思考如何與公司方針相串聯，擴大改善效果

綜合題目庫

公司方針，目標

◆ 不良率減半活動
◆ 機器無故障日 100 天

工程別題目庫

團隊方針，目標

◆ 確實掌握現場數據
◆ 結合眾人智慧

D. 決定團隊方針，使團隊活動有個明確的方向

問題點的評價

E. 讓問題點的著眼點明確化

題目庫 (現場問題點)	評價基準					
	重要性	緊急性	經濟性	…	…	綜合評價
左側板 GAP 過大，超出 0.80						
電源開頭卡鍵失靈						

實例 5 利用 WHY WHY 公告欄來篩選題目的具體事例

本週的卡片數	上週的卡片數
Ⓐ Ⓑ Ⓦ Ⓦ	Ⓦ Ⓦ
Ⓐ Ⓐ	Ⓑ Ⓑ
Ⓦ Ⓑ Ⓑ Ⓐ Ⓦ Ⓦ	Ⓐ
Ⓐ Ⓐ Ⓦ	Ⓦ Ⓦ
Ⓦ Ⓦ Ⓦ Ⓦ	Ⓐ Ⓑ Ⓑ

要點：

◆先將問題點按馬上可以解決的專案、需全體圈員來做
改善的專案、需依賴上司支持方或解決的專案進行排
隊

◆WHY WHY 公告欄的主要用意是將身邊發生的問題點
先公告在公告欄內然後通過團隊成員的力量將問題加
以解決

WHY WHY 公告欄處理流程圖

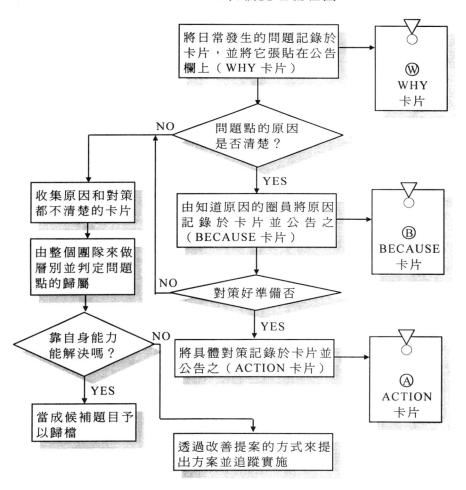

第三節　選出有改善效果的問題點

1.摘選出具有改善效果的項目

在選擇改善題目時，要求大多數的小組成員對選題標準要非常謹慎，希望能多花點時間，儘量挑選出具有改善效果的選題，萬不能隨便就決定下來。通常選題時，不妨按以下步驟進行：

(1)由 QC 問題解決團隊來定義所謂的問題點。

(2)根據所定義基準，將日常所發生的問題點存於題目備選庫裏。

(3)利用問題點查檢表（按 5M，不合理，不公平，浪費等項）來對生產現場進行點檢，以便挑出潛在的問題。

(4)整理所收集到的問題點，對於馬上能有對策的項目就立即實施對策，並依改善提案制度來執行；對於那些無法自行來解決的項目，向上司彙報以獲得改善支持。

(5)將整理出的問題點予以篩選以決定候選題目。

(6)由全體成員來共同探討，以便能對候選題目的問題點做深入的瞭解。

(7)將需解決的問題點的背景現況做明確的整理。

2.在選題時，對問題點進行篩選

在選定題目的過程中，將相關問題點加以匯總，再篩選變成可以讓全體成員認同的模式，就不會因此而削弱了全體成員

的參與意願，而且篩選的過程應該遵守科學有效的方法加以匯總，大致可按如下過程進行問題點篩選。

(1)有效地運用團隊成員的意見來做篩選。

(2)篩選標準要公開，讓相關人員理解並接納選題方法。

(3)針對改善的要求度進行評價，主要從以下三個方面進行：

重要性：當問題點解決之後，究竟會對公司的業務和其他業務產生多大的影響？

緊急性：解決此項問題的週期有多長，能立刻解決嗎？

經濟性：計算改善後所得的效果和投入改善所需的費用這二者之差，得出純改善效果。

(4)針對團隊的改善實力來做評價，主要從以下四個方面進行：

全員參加：能否被全體成員所認同且能共同參與的方式？

改善能力：能否和團隊自身的問題解決能力相吻合？

解決週期：能否在短期（3～4個月）內加以解決呢？

與公司方針的結合：能否與公司的目標方針，改善主題相聯結呢？

3.對策不能拿來當作是活動題目

在發表會等的各種場合裏，常常會說不可以將對策當作是活動題目的名稱，只不過是，在實際的改善活動當中，卻有很多是以「××的標準化」,「××的整理」為題目。

在常見的改善活動中，所遇到的問題主要有兩種，分別為解析型問題和課題達成型問題。針對解析型問題，通常是採用QC Story 的方式加以解決，由於不清楚問題發生的原因，而從

追究原因開始，就已定出對策方案，因此，若把對策當作是活動題目，一開始就去解析早已知道對策的問題，所以就沒有必要把這類的問題也用 QC Story 的方式進行改善。對於課題達成型之問題，由於要做的對策應該相當明確，所以把對策當成活動題目名稱也無妨，如：「每月月底完成品質情況」、「月度品質情況報告書」等。

4.常見的優缺點

優　　點	缺　　點
1.主題及評價基準明確（動詞＋名詞＋評價基準）	1.主題用語錯誤
	2.主題不明確
2.評價項目界定清楚	3.主題不正確
3.項目選擇適當	4.把對策案或改善案直接當成主題
4.評價方法有評價基準表作為依據	5.主題不是公司目前最重要的問題
5.主題是屬於本身權責的問題	6.主題不是本部門的職責範圍
6.選取理由能顯示主題的嚴重程度	7.主題太大或太小
（問題解決型）或（課題達成型），	8.主題背景不清楚
把嚴重的現況用數據一起寫出來。	9.選題理由過於籠統，不具體

第四節　案例：餐飲業的選定主題

1.服務的提升

(1)以迅速的行動來招呼顧客。

(2)即使在很忙的時候也要很順暢的端出菜肴。

(3)要迅速地做結帳的工作。

(4)要記住顧客和持有 VIP 之顧客的容貌和名字。

(5)接撥電話的時間要儘量短縮為 30 秒。

2.效率的提高（生產性的提高）

(1)縮短整理後面的時間。

(2)清掃作業時間的短縮。

(3)每月業務的提高效率作戰。

(4)借著出入倉庫時間的規則化來做事務的簡化。

(5)防止服務×線上的錯誤。

3.販賣的促進

(1)給與顧客貨品的單價。

(2)提高婚禮贈品的訂貨率。

(3)提高銷售訪問件數。

(4)善於推薦洋酒。

(5)借著徹底地學習烹飪知識來強化銷售。

4.工廠的管理

(1)消除冷凍機、冷媒漏出地方的不明。

(2)名牌的作成保管的資料化。

(3)傳票樣式的統一和內容的再檢討。

(4)刀子、叉子類之取得的合理化。

(5)做成主要觀光地的小冊子。

5.士氣的提高

(1)禮貌和女服務生業務的統一。

(2)常做工作場所內的互相連絡。

(3)於事務所內的勤務態度的提升。

(4)改善對來訪者的接待。

(5)做出漂亮的傳票。

6.減低經費

(1)減少在廚房的水使用量。

(2)減少玻璃杯類的打破量。

(3)防止食器類的破損。

(4)節約餐巾布類的清洗費。

(5)避免拷貝用紙的流失。

7.環境的整理

(1)製造好的沙龍氣氛。

(2)借著冰箱的清理及整頓來使工作流暢化。

(3)保持會客室煙灰缸的清潔。

(4)有效利用資料整理和保管後所剩下的空間。

(5)改善銀器類的使用和保管。

8.減少錯誤

(1)沒有錯誤的旅客房間。

(2)消除訂貨的錯誤。

(3)取漏的對策。

(4)杜絕忘記放入茶具的錯誤。

(5)消除洗衣店的交貨延期。

9.教育的徹底

(1)謀求打零工者的水準提高。

(2)對顧客的招呼要徹底。

(3)提高洋酒的知識。

(4)使本身具有商品知識。

(5)正確的留言的取得方法和傳達方法。

第四章

品管圈活動的設定目標

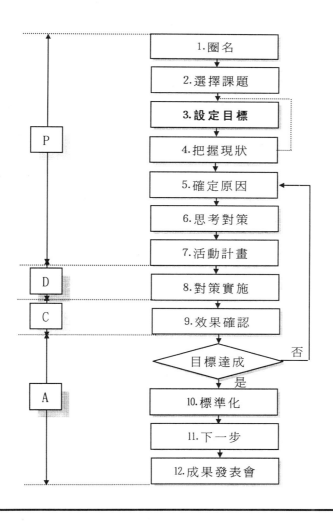

第一節　為什麼要設定目標

在選定課題，並把現狀調查分析清楚之後，就可設定目標。

有人說：「只要解決問題就行了，能解決多少就多少，要不要先確定目標是無所謂的。」這種提法是錯誤的。人們每做一件事情、每解決一個問題，不論問題的大小，都要有目標。沒有目標，就沒有追求。企業在每年年初要制訂年度方針目標，明確在生產經營上要達到一個什麼水準。我們要解決問題，搞質量改進同樣如此，不設定目標，就沒有奮鬥方向，一切活動將是盲目的。所以，這種「要不要先確定目標無所謂」的說法，是沒有自信心的表現，沒有自信，就不可能去努力奮鬥，千方百計克服困難。因此，確定目標對 QC 小組活動具有重要意義。

1.明確通過小組活動，將問題解決到什麼程度

設定目標也就是小組對解決該問題的追求。設定目標以後，小組在以後的活動中，就能全力以赴，來實現這個目標。

2.為效果檢查提供依據

在分析原因、確定主要原因、制訂對策並按對策實施之後，檢驗改進的效果是否達到預定要求時，目標就是對比的主要依據。

第二節　目標設定不宜多

QC 小組選題應選擇存在的具體問題作課題。既然是具體問題，目標又要針對問題來設定，則設定一個目標就可以了。

例如：課題是《提高窗式冷氣機一次裝機合格率》，則目標設定為：一次裝機合格率從目前的 94.6%提高到 98%以上：

課題是《降低尋呼機返修率》，則目標設定為：返修率從現在的 2.52%降低到 2%以下；

課題是《降低電腦打票成本》，則目標設定為：電腦打票成本從現在的平均 1957 元/月降低到 600 元/月以下。

如果一個課題設定兩個以上的目標，則必然要分別以兩個以上的目標為中心進行活動，使解決問題的過程複雜化起來，而且往往會造成整個成果的邏輯性混亂。

案例：

由於設備常發生故障停機，影響生產，於是設備維修 QC 小組就以《降低設備故障停機率》為題開展活動，通過對三個月內的故障停機情況的調查，瞭解到平均每月故障停機達到 44 小時，故障停機率達到 25%；為找出癥結所在作深入一步分層調查分析時，發現故障停機次數多達 20 次/月，而其中的控制系統故障佔停機次數的 62%。進一步分析時又發現，控制系統的故障次數雖然很高，但故障修復卻耗時較短，最短的 20 分鐘就可以恢復設備運轉，最長也不超過 1 小時，而液壓系統的故

障次數雖然平均 3 次/每月，而修復的耗時卻較長，最少每次耗時 5 小時，最多達 8 小時。從而明確了控制系統故障和液壓系統故障是癥結所在。並設定了小組的目標有 3 個：

(1)故障停機次數 20 次/月降低到 8 次/月以下；

(2)停機時間從 44 小時/月降低到 15 小時/月以下；

(3)故障停機率由原來的 25%降低到 10%以下。

從該案例看，小組制定了三個目標，這三個目標確實也是圍繞著《降低設備故障停機率》這個課題制定的。但再進一步分析，就可以看出第一、第二兩個目標都是爲第三個目標服務的，因此大可不必設定三個目標，只要設定三個目標中的一個目標就可以了。

案例：

某制藥廠 QC 小組，以《確保新輸液工廠通過國家 GMP 認證》爲題開展活動，並制定了三個目標：

(1)認證目標：確保新輸液工廠通過國家 GMP 認證：

(2)質量目標：確保輸液產品質量合格率 100%，優級品率 85%；

(3)效益目標：確保輸液工廠年產量達到 2000 萬瓶，完成產值 4000 萬元。

該案例中，小組設定了三個性質完全不同的目標，而活動過程，卻只圍繞著通過 GMP 認證來分析問題原因、制訂並實施對策，但到效果檢查時卻出現了三個目標都有數據進行對比的局面，因此造成了整個成果在邏輯性上的混亂。

綜上所述，目標設定一個爲宜。如有多個性質不同的多個

目標，則採用多個課題予以解決為好。

第三節　怎樣設定目標

一、目標應與課題名稱一致

設定目標，就是明確通過小組活動，把問題解決到什麼程度，因此，必須針對所要解決的問題來設定目標。

例如，選定的課題是《降低××產品（或零件）的加工廢品率》，則目標就應該設定為：加工廢品率由現在的 3.4%降到 0.5%以下。

選定的課題若是《提高清水牆抹灰優良率》，則目標就應該設定為：清水牆抹灰優良率從現在的 65%提高到 90%以上。

如果選定的課題若是《降低××產品（或零件）的加工廢品率》，而設定的目標卻是：廢品損失由現在的 3500 元/月降低到 2500 元/月以下。

或者選定的課題是《提高清水牆抹灰優良率》，而設定的目標卻是：創建×××優質工程，這樣來設定目標就會犯邏輯性的錯誤。

二、目標要定量化

目標一般來說有兩種：即定性目標和定量目標。

1.定性目標

只確定目標的性質，而沒有具體量化的目標，稱為定性目標。

例如：

· 提高工程勘察質量；

· 提高規範化服務的程度；

· 設備管理得到加強；

· 在 1999 年 10 月創出「××市治安安全達標工地」，完成公司預定目標。

從以上四例可看出，設定這樣的目標，經過分析原因、採取措施，其改進結果，無法與之衡量對比，無法明確是否已經達到預定的目標。因此，QC 小組活動不能以定性目標作為小組的活動目標。

2.定量目標

除了確定目標的性質之外，還有量化了的目標值，稱為定量目標。

例如：

· 不合格品率從平均 3.4%降低到 0.5%以下；

· 單位成本從 65 元降低到 50 元以下；

· 清水牆抹灰優良率從 65%提高到 90%

· 內孔的加工精度從 $C_{pk}=0.56$ 提高到 $C_{pk}=1.33$ 以上。

只有設定的目標是定量目標，通過活動或改進後與之比較，才能明確是否已經達到既定目的。因此，QC 小組設定的目標必須是定量目標。

第四節　目標值設定的水準及依據

一、目標值設定的原則

1.目標要有一定挑戰性

設定的目標要具有挑戰性，要通過小組的奮力攀登才能達到，這樣才能更好地調動小組全體成員的積極性和創造性。當經過努力，克服困難，達到所設定的目標時，才能感受到達到目標後的樂趣，真正體會到自身的價值，更好地鼓舞小組的士氣。

因此，許多小組常運用水準對比法，把同行業、同專業、同工種所達到的先進水準作爲小組的目標，或本小組歷史上曾經達到過的最高水準作爲小組目標。以體現小組的必勝信念。

2.目標應是通過小組的努力可以達到的

如果把目標定得很高，雖然很有挑戰性，但小組千方百計、努力攻關，仍達不到目標的要求，便會挫傷小組成員的積極性。爲使設定的目標既有一定挑戰性，又是經小組努力可以達到的，許多小組常把目標設定在對問題解決程度的預先估算之上。

例子：

某塑膠製品廠的某種塑膠製品廢品率高達 16%，大大超過了上級考核的 5%的指標，於是小組以《降低某塑膠製品廢品率》爲題開展活動。在現狀調查中，通過對上月產生的 195 件廢品

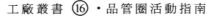

的缺陷統計分析,「表面氣孔」佔缺陷總數的 48%、「充不滿」佔缺陷總數的 36%,兩種缺陷佔廢品總缺陷數的 84%,這兩種缺陷是造成廢品率高的癥結所在。只要把這兩種缺陷解決,某塑膠製品的廢品率就會大幅度降低。針對這兩種缺陷,通過改進,能解決到什麼程度,小組成員在一起討論進行了估計。認為解決它們的 85%是能夠做到的,並按此進行估算:84%×85%×16%＝11.4%,即兩種缺陷都解決 85%,則廢品率就能降低 11.4 個百分點。因此,小組設定目標值為廢品率從原來的 16%降低到 5%以下。

這樣設定的目標是建立在科學分析基礎上的,又能滿足上級考核要求,因此,這樣設定的目標值是有充分依據的。

3.當所要解決的課題,其現狀與上級的考核指標或與產品、技術的規格要求有較大差距時,可以把上級的考核指標或產品、技術的規格要求作為小組活動的目標值。

例子:

某產品的生產線,原設計生產能力是班產 400 件,但投產後一直未達到原設計要求,最高只達到班產 350 件,平均班產 335 件,於是成立 QC 小組,要解決該問題。小組經過現狀調查,找到了問題的癥結所在後,制定了要達到原設計班產 400 件的目標值。

二、 目標值設定的依據

目標值設定之後,為什麼把目標值設定在這個水準上,也

就是目標值設定的依據，在成果報告中要交待清楚，除說明充分理由外，使別的小組能從中得到啓發。

在說明目標值設定依據時，可根據課題的具體情況，從以下內容中選取：

(1)上級下達的考核指標（或標準的要求）必須達到；

(2)顧客提出的需求，必須予以滿足；

(3)通過水準對比，在設備條件、人員條件、環境條件等方面都差不多的情況下，與同行業已達到先進水準的企業進行比較，從而定出也能達到該水準的目標；

(4)歷史上曾經達到過的最好水準；

(5)通過現狀調查，找出癥結所在，預計解決程度，測算出能達到的水準。

例子：

某藥廠生產貼膏，進入夏季後，廢片率猛增，平均達到了9.8‰，大大超過部門考核指標≤3.53‰的要求，爲此，小組選擇了《降低骨通貼膏廢片率》的課題。通過現狀調查，找出了造成廢片率高的癥結是「膏面色澤不均勻」由它造成的廢片佔整個廢片率的 87.6%，於是小組設定目標爲：把廢片率由目前的 9.8‰降低到 3‰。

設定目標值的依據是：

(1)部門考核的廢片率指標≤3.5‰必須達到，而 3‰低於部門考核指標。

(2)過去生產中廢片率曾有低於 3‰的記錄,從現狀調查中可看出就是進入夏季後，仍有兩批產品的廢片率小於 3‰。

(3)調查表明，膏面色澤不均勻佔廢片率的 87.6%，如果完全解決廢片率可下降 9.8‰×87.6%＝8.6‰，即使僅解決其80%，廢片率也可下降 9.8‰×87.6%×80%＝6.87‰，也就是降低到 2.93‰，因此 3‰的目標值是可以達到的。

這樣設定的目標值依據是充分的。

目前有不少成果，沒有依靠現狀調查來為目標值的設定提供依據，而是對為什麼設定這樣目標進行可行性論證。

第五章

品管圈活動的把握現狀

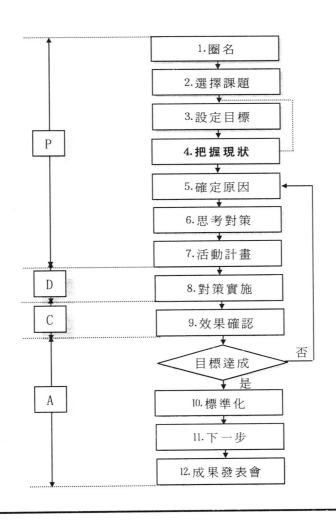

第一節　要把握現狀的原由

　　下一步就是要牢牢地掌握住與主題有關的現狀。關於現狀，若由人從所有的角度來看，可能會出現一些誤差，所以，最重要的是，盡可能的用具體的資料來掌握。

　　不論你能夠掌握住多少的現狀，最主要的重點是能否有效地解決問題。

　　首先，收集有關系列主題的資料。此時，或許你會用「因爲取得容易……」、「等一下拿可能比較有效」等的理由來塘塞而不去取得資料。

　　即使不是那樣，QC 小組活動推進的方向也會有朝和初期所定之目的不同的方向進展的傾向，問題解決的焦點也容易變得模糊不清，原因的追求也不得已地容易變得牽強附會。

　　收集資料時需要留意的地方。

　　⑴取得資料的時日、場所以及取得資料人的名字等等要事先記下來。

　　⑵對於數字，要寫得不論任何人看了後都容易讀也容易瞭解。

　　⑶因爲在計算上不能有所錯誤，所以盡可能地要事先將計算過程留下來。

　　⑷若資料齊備了，每次都要儘量完成圖表等等。

　　⑸平常就要做到看到資料就能判斷並習慣於去取得資料。

(6)事先就要好好地決定取得資料的標準。

(7)因為資料容易產生誤差，所以要加以小心。

為了正確地知道這個問題的某個部分，事前全體成員應在一起檢討「怎樣的資料才是最合適」這點很重要。然後，若收集好了資料的話，就將其做成容易分析的圖表。在圖表化的時候，一定要從 QC 七道具找出最適合於目的方法並正確地使用之。

第二節　收集數據

1.收集數據的重要性

改善活動的第一步是先瞭解實際情形，把握事實，依據事實來判斷問題點所在，再採取改善措施，才不至於浪費時間，徒勞無功。

要正確地把握事實，必須要有辦法以客觀的數據表示作業結果是否良好，引起作業結果的原因的狀態或條件是否正常。

所以,品管圈活動中收集正確而客觀的數據是非常重要的。

數據，僅止於收集是無用的，必須使數據能合理處理、正確判斷，並與改善措施連接起來，使作業結果不斷的改善，這樣所收集地數據才會有效。

2.收集數據的目的

收集數據時,首先要明確收集數據的目的。在品質管理上,收集數據的目的可分為:

(1)為了瞭解流程的現狀

(2)為了解析流程

(3)為了管理流程

(4)為了調節流程

(5)為了判定是否合格

不論對目前或將來的情報收集數據，均應先調查此種收集的必要性，再就其目的來檢討是否有收集的必要，對與事實無關的數據，不要收集，以免浪費人力、物力、或造成對事實的誤解。

3.查檢表

(1)查檢表的定義

用一種簡單的方式將問題查檢出來的表格或圖。進一步說就是在搜集數據時設計一種簡單的表格，將有關項目和預定搜集的數據，依其使用目的以很簡單的符號填註，而且很容易收集整理以瞭解現狀，做分析或作為核對點檢使用，這種設計出來的表格叫做查檢表。

(2)查檢表的特徵

‧記入數據時很簡便。

‧能迅速把握問題所在。

‧記入完畢後，對全體的狀況能一目了然。

‧很多項目能同時一次查檢。

‧數據能以各種不同的層別法做。

(3)設計查檢表的要點

‧要一眼能看出整體形狀，要簡明、易填寫、易層別，記

錄項目和方式力求簡單。

- 盡可能以符號記入避免文字或數字的出現。
- 數字的履歷要清楚，搜集工作要明確。
- 項目儘量減少，查檢項目以 4~6 項為原則，其他項要列入。
- 查檢項目要隨時檢討，必要的加進去，不必要者刪去（活動期間要不斷加以修正）。
- 要將查檢結果反映至現場有關單位，數據出現多馬上採取行動。
- 運用○、×、√、正等簡單符號，如數種符號同時使用於一個查檢表時，要在符號後註明所代表的意義。

(4)查檢表的種類

①記錄用查檢表

記錄用查檢表是把數據分為幾個項目別，以符號或數字記錄的圖或表，如在已分組的數字表上打記號即出現次數；或直接在產品或零件的圖面上打記號所成的表；直接使用不良的製品或零件，依不良的種類、工程別、原因別等排列出來所成的表……，這種檢查表主要是調查作業結果的情形，不單是記載每天的數據，並且可看出那一項目的數據特別集中。

表 5-1 收集數據用查檢表

○○品查檢表

年　　月　　日

品名：		工廠名：
工程：	中間檢查	作業單位：
檢查總數：	○○○○	檢查者名：
備註：	全數檢查	批號：

訂號：

種類	查檢	小計
表面傷痕	正正正正正正	33
裂紋	正正正	17
表面不良	正正正正正正正	37
模型不良	正	7
其他	正	9
合計		103

記號：正或≠

②點檢用查檢表

點檢用查檢表是為確認作業實施、機械整備的實施情形或為預防發生不良或事故，確保安全時使用，如機械定期保養點檢表、不安全處所點檢表、登山裝備點檢表等，這種點檢表主要是調查作業過程的情形，可防止作業的遺漏或疏忽。

表 5-2　防止不小心失誤的查檢表

上班時的服飾						
區分	1	2	3	4	5	6
攜帶錢袋	√	√				
手帕	√	√				
車票	√	√				
小筆記本	√	√				
服飾領帶	√	√				
頭髮	√	√				
皮鞋	√	√				
全體的協調	√	√				

記號：○，×，√

(5)設計查檢表須預先考慮事項

• 明確目的：明確設計查檢表的目的何在？

• 決定查檢項目是什麼？

• 決定查檢人員及方法？

• 查檢時間：多久查檢一次？最好隨機查檢。

• 查檢方式：量少；重要度大；簡單者用全檢；如查檢數據而要間接單位提供，或量太少時，可用以前數據；量多用抽檢，如生產線型。

• 查檢期間：從什麼時候開始？什麼時候結束？日期的記錄方式是否一致？應求統一。

• 決定記錄形式（表格）：時間、機器、人等各項目如何設

計？一天抽查幾台？

・決定記錄方式：≠、正等符號，要用那一種？

⑹記錄用查檢表的設計步驟

①決定要搜集的數據及分類項目

「數據」與「分類」項目就是特性要因圖的「特性」與「要因」的關係。

②決定要記錄的查檢表格式（表 5-3）

作業者	機械	不良種類	日期 月　日 月　日
A	No.1	尺寸	
		疵點	
		材料	
		其他	
	No.2	尺寸	
		疵點	
		材料	
		其他	
B	No.3	尺寸	
		疵點	
		材料	
		其他	
	No.4	尺寸	
		疵點	
		材料	
		其他	

同時列出多項與特性最相關分類項目，設計出同時能包括所列各項分類項目的查檢表。

③決定記錄數據的記號

不一定只用≠的記法，如果使用「○」、「△」、「×」等記號時，一張查檢表裏可同時記入數種數據。

圖 5-1

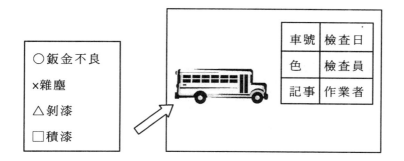

④決定收集數據的方法

⑤決定記錄的方法

(7)查檢表的設計步驟

• 逐一列出需點檢的項目。

• 須點檢的項目是「非做不可的工作」、「非檢查不可的事項」等。

• 點檢有順序要求時需註明號碼，依順序排列。

• 必須點檢的項目，盡可能以機械、制程、人員等層別。

例：每天上班前點檢項目（**表 5-4**）

項目	查檢項目	查檢
1	洗臉	√
2	刮鬍子	√
3	吃飯	√
4	穿衣服	√
5	檢查攜帶物	√
6	穿鞋子	√
7	打招呼	√

3.表示作業結果的數據

(1)產品品質

長度、重量、成分、張度。

(2)工程品質

裂痕、強度不足、缺點率。

(3)工作品質

缺勤率、延誤率、失誤率。

(4)業務品質

工作效率、達成率、浪費工時。

(5)服務品質

等待時間、抱怨率。

4.表示原因的狀態或條件的數據

(1)人（作業者）

作業者姓名、組別、純熟度、經驗年齡。

(2)機械（設備、工具）

機械的種類（1號機、2號機）、定期保養後經過日數、修理後經過日數、治具的種類、溫度變化。

(3)原材料

原材料的品牌、原材料中的水分、不純度、粒度、零件交貨者等。

(4)作業方法

回轉數、流量、pH、濃度、壓力、送出量、溫度、時間等。

(5)測定法

抽樣方法、測定法的種類、使用測定器。

(6)環境條件

日時、室溫、濕度、氣候、晝夜別、照明亮度。

5.數據的種類

我們所得的數據，一般可以分為以下二種：

(1)計數值

用計數所獲得的數據，例如檢查 100 個燈泡時，發現 10 個不良品；檢查一匹布時，發現每碼有五個缺點等，所出現的數值是 10 個、5 點或 1 支等整數值，即不連續的數值，這種數據叫做計數值。

(2)計量值

用測量所獲得的數據，例如化學分析的純度（％）、布匹的

長度（碼）、紗的強度（ /c）等所出現的數值是 10.5%、5.21 碼、8.20（ /c）等帶有小數，即連續的數值，這種數據叫做計量值。

6.收集數據的步驟

(1)明確收集數據的目的。

(2)決定「何時、誰、何處、何種數據」。

(3)考慮能以最少的數據，做正確判斷的抽樣方法。

(4)層別所收集數據（為設計適當的查檢表）。

(5)決定適當的檢查方法（測定方法。）

(6)設計查檢表。

(7)使記錄數據的方法標準化。

7.收集數據應注意事項

(1)收集數據的目的要明確。

(2)對此目的適當地加以層別。

(3)數據收集在何時、何地、何人、如何來收集，應有明確的規定。

(4)收集的數據應如何記錄？應事先準備數據表或查檢表。

(5)對有關收集數據的目的或有關收集的標準，擔當部門或有關部門，應充分地加以教育訓練。

(6)所收集的數據應在指定的日期、時間,正確地加以整理，可利用管制圖或圖表，使能正確處理。

(7)除了數據以外，應將數據表或查檢表的測定條件正確地記錄下來。

(8)計測器的精度管理，須經常檢查計測器的精度、靈敏度

是否良好。

(9)收集的數據要具有連貫性，不能連接起來的數據，最好不要收集。

(10)原始數據的收集，最好由現場第一線作業員負責，但若由於工作性質使數據收集不易、或數據判斷會影響公司政策及利益時，則需由現場管理幹部或專業人員擔任收集數據工作。

(11)數據一定要真實，不得經過人為的修飾。

第六章

品管圈活動的確定原因

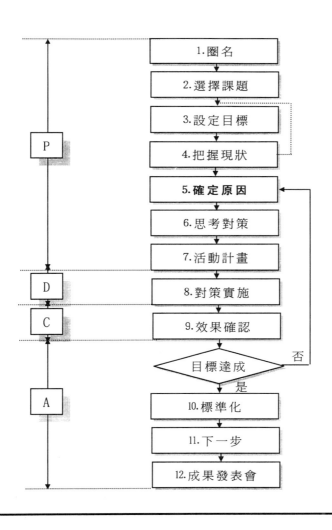

P	1.圈名
	2.選擇課題
	3.設定目標
	4.把握現狀
	5.確定原因
	6.思考對策
	7.活動計畫
D	8.對策實施
C	9.效果確認
	目標達成 ──否
	是
A	10.標準化
	11.下一步
	12.成果發表會

QC 小組活動中最重要的工作，是要因的分析。

一旦要探討改善活動陷入僵局的原因，就有許多人只是依自己所想的施以對策，而不去針對問題來抓出真正的原因。也就是說，提出問題點後，大多只是用腦中馬上浮出的對策來解決。

但是，即使問題點只有一個，但對此有影響的原因卻有很多，不能夠很簡單地排除所有的原因。

不掌握事實，只是「應該是……」、「我認為……」的做這些爭論也不能查明原因。另外，為了記錄而歪曲事實，到後來常會因為沒想到的齟齬和條件不足而煩惱。因而，在要因分析的階段，對於問題點的原因和結果之間的關係要明確化，並找出會對問題有重大影響的真正原因，然後再針對此施與對策。

為了能夠有效地分析及發現真的原因，最好的方法是遵循以下的步驟：

(1)有明確的目的

要調查些什麼？如何調查才好？要很清楚地分析目的。

(2)經常觀察現場

經常運用人類的五官（嗅覺、聽覺、視覺、觸覺、味覺）去觀察現場，調查現在情況如何？那裏有不好的地方？

(3)整理要因和結果之間的關係

以具有技術和經驗的知識為基礎來考察要因和結果之間的關係，然後在特性要因圖上整理。

(4)決定特性值

表示服務和工作好壞之特質的特性值有許多。從這些許多特性值中，決定一個能分析問題原因的特性質。

(5)取得資料

「誰？關於什麼？何時？何處？如何做？」，將想取得的資料明確化後，做張檢查麥，用此來收集資料。

(6)分析

要活用 QC 方法來分析資料，以統計的方式來掌握要因和結果的關係。

(7)考察、導出結論

關於分析的結果，要再摻入技術、經驗、上司的意見、費用等情報加以考察，然後導出結論。

重點：要將現狀的把握和問題點的摘出二者正確地聯繫在一起。

第一節　分析原因

第一步是找原因，其次是根據特性要因圖加以區別，確定主要原因。找原因可透過柏拉圖法、直方圖法、層別法加以調查。

一、柏拉圖

1.柏拉圖定義

將一定期間所收集的不良數、缺點或故障的發生數等數據，依項目別、原因別（查檢表上的項目，特性要因分析圖上的圈選項目）加以分類，而按其出現大小順序排列的圖形。

圖 6-1

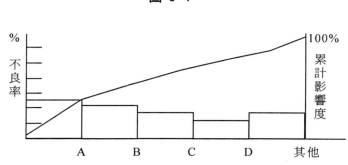

2.柏拉圖的由來

1897 年義大利經濟學家 V.柏拉圖（V.Pareto），整理歐洲各國所得的分配，發現所得的累積次數有一定的法則。1905 年對同樣的問題，美國經濟學者 M.D.Lorenz 把國民所得的大小與對應的人數關係，個別以累積百分率表示。

美國品管專家 J.M.Juran 把品質上的問題點區分為少數重要項目（Vital Few）、多數輕微項目（Trivial Many）的方法稱

爲「柏拉圖原則」。

3.柏拉圖分析的特徵

(1)以數據爲依據，對問題點的判斷更明確、更科學化。

(2)很容易把握全體的不良情形。

(3)能把握何種類的不良最多。

(4)能把握除去那些不良，就能減少全體不良的百分比。

(5)能更精確地掌握問題點的原因，影響度的大小。

4.柏拉圖的作法

步驟 1：決定數據的分類項目，其分類有：

(1)結果的分類——不良項目別、場所別、工程別。

(2)原因的分類——材料別、機械別、設備別、作業者別。

步驟 2：決定期間，搜集數據

步驟 3：按分類項目別、統計數據，作統計表

例：表 6-1

不良項目	不良次數	不良率%	累計 不良率%	影響度%	累計 影響度%
A	18	12.0	12.0	37.5	37.5
B	13	8.7	20.7	27.1	64.6
C	8	5.3	26.0	16.7	81.3
D	4	2.7	28.7	8.3	89.6
其他	5	3.3	32.0	10.4	100
合計	48	32		100	

總檢查數：150

$$不良率\% = \frac{各項不良數}{總檢查數} \times 100\%$$

$$影響度\% = \frac{各項不良數}{總不良數} \times 100\%$$

表 6-2

不良項目	不良次數	不良率%	累計 不良率%	影響度%	累計 影響度%
A					
B					

$$單位缺點數（\%）= \frac{各項缺點數}{總檢查數} \times 100\%$$

$$影響度（\%）= \frac{各項缺點數}{總不良數} \times 100\%$$

(3)各項目按出現數據的大小,順序排列,並求其累計次數。

(4)求各項目的數據及累計數的影響度。

(5)其他項排在最後,其他項若太大時,要檢討是否還有其他重要要因需提出。

步驟 4:在圖表用紙上記入縱軸及橫軸,縱軸上加上分度,橫軸記入項目

步驟 5：按數據的大小，將數據畫成直條圖

步驟 6：數據的累計以折線記入

(1)右端畫上縱軸，在折線的終點定為 100%。

(2)把 0~100%間分成 10 等分，把%的分度記上。

步驟 7：記入數據收集的期間，記錄者目的及總檢查數、總不良數及平均不良率數。

圖 6-2

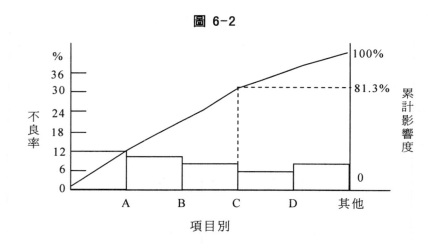

5.繪製柏拉圖應注意事項

(1)柏拉圖應依大小順序由高而低排列，如此可一眼看出影響問題特性的原因，最前面的即是最主要原因。

(2)直條圖寬度要一致，橫軸按項目別排列，縱軸的最高點等於總不良率，且所表示的隔距應一致。

(3)其他項表示原因不明或數量多卻微小的原因，要擺在最

右端，其他項不應大於柏拉圖最前面幾項，否則即有錯誤，要再分析。

⑷一般而言，前三項不良項目往往佔累積影響度的70~80%，故對前三項做改善便可得到70%以上的效果。

⑸儘量以損失金額表示：因一般人對金錢較敏感，若換算成金額，則節省的費用、降低的成本可使人感覺改善有效果，努力所節省的金錢很可觀。

⑹一般而言，縱軸可用損失金額、缺點數、故障件數、出勤率、缺勤率等特性來表示，橫軸則以設備別、不良項目別、作業人員別、時間別等來區分。

⑺柏拉圖只適用於計數值，而計量值則需使用直方圖才可。

6.柏拉圖的用途

⑴決定改善目標，找出問題點

知道「問題發生在那裏」，雖然影響問題的原因項目很多，但一般來講，真正影響問題點80%的項目只不過2、3項而已，如果想改善時，就必須提取影響較大的項目，來想對策才可以。

⑵調查不良或缺點的原因

分類項目有兩種：

‧結果的分類：不良項目別、場所別、工程別。

‧原因的分類：原料別、機械別、裝置別、作業者別、作業方法別。

一般是先從結果的分類，把握問題點，為了採取對策，再依原因別繪柏拉圖。

(3)報告或記錄用

作報告或記錄時，只從數據來看，一般是比較不容易瞭解，如果能整理成柏拉圖來看的話，就能一目了然了，特別是用來比較改善前後的效果時。

(4)改善效果的確認

因改善而採取對策後，為了確認其效果，需再繪一次柏拉圖，如採取的對策好，直條圖的高度會降低，且橫軸的不良項目的順序會變動，按其各期間出現的大小順序排列。

圖 6-3

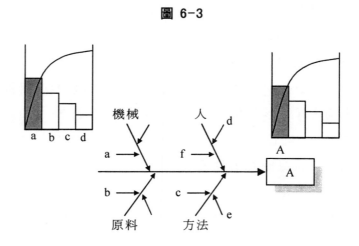

圖 6-4

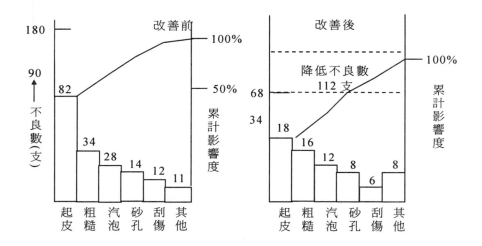

7.柏拉圖分析法的要領

(1)從柏拉圖的累積曲線，能把握原因別的重要度，若除去二個或三個原因，就能使全體 70%以上的問題有辦法解決時，可先重點針對這些原因採取對策。

(2)分析時，累積值 75%以上的項目稱為重點項目，累積值 75%～25%的項目稱為中點項目，累積值未滿 25%的項目稱為輕點項目，先從重點項目採取對策。

(3)著手改善第一順位的不良項目，若情報顯示並非部門本身能解決的，或不符合經濟效益的項目，就可由第二順位項目著手分析改善。

(4)柏拉圖中的作圖數據應確實，以把握事實真相，若圖中

各項目的分配比例無顯著差異，需重新搜集資料由其他觀點作
項目別再比較分析。

二、直方圖

1.直方圖的定義

直方圖是就次數分配表，沿橫軸以各組組界為分界，組距
為底邊，以各組次數為高度，每一組距上畫一矩形，所繪成的
圖形。繪製直方圖的目的，有：

測知制程能力；測知分配中心或平均值；測知分數範圍或
差異；與規格比較計算不良率；瞭解制程能力。

2.直方圖繪製步驟

(1)收集數據

一般 50～200 個。

[例]某公司產品 H 的動作時間的製品規格為 81.00±2.55
（ms）即規格 78.45~83.55（ms）。

表 6-3

79.2	79.9	82.3	80.5	81.2	81.2	80.2	80.4	80.6	79.9
79.8	78.4	81.1	79.9	79.7	81.2	80.4	80.0	80.1	80.0
79.6	79.0	80.1	80.8	80.4	79.9	80.1	82.1	79.9	80.2
77.8	80.0	79.7	81.0	80.9	81.1	80.8	79.5	79.4	78.8
79.9	81.6	81.3	82.0	79.1	79.9	78.8	79.7	81.6	81.5
80.1	80.8	80.8	81.1	81.6	80.9	80.1	79.8	81.7	79.7
80.0	80.7	78.4	81.9	79.4	80.3	80.6	78.5	78.8	78.0
80.3	80.0	82.8	79.4	80.0	80.4	77.5	80.1	79.3	78.6
81.5	80.5	80.3	78.9	81.2	80.5	80.9	79.8	81.4	80.6
79.0	80.6	79.0	79.1	80.8	79.4	79.9	79.5	79.7	80.7

數據　　　　　　　　　　100 個單位：ms

⑵求出數據的最大值（L）和最小值（S）

先求出各行最大值、最小值，再求全體的最大值、最小值比較求出。

例：　　　　　　　　　　表 6-4

最大值	最小值
81.5	77.8
81.6	78.4
82.8	78.4
82.0	78.9
81.6	79.1
81.2	79.4
80.9	77.5
82.1	78.5
81.7	78.8
81.5	78.0

　　最大值 82.8　　　　　最小值 77.5

⑶決定組數（K）

$$組數 = \sqrt{資料數}（整數值）$$

$$[例]組數 = \sqrt{100} = （剛好整數值）$$

(4) 決定組距（h）

$$組距 = \frac{最大值-最小值}{組數} \quad （此值爲測定單位值的整數倍數）$$

$$[例]組距 = \frac{82.8-77.5}{10} = \frac{5.3}{10} = 0.53$$

（測定器刻度讀數最小爲 0.1）組距爲 0.5

0.53 近似值爲 0.1×5 = 0.5

（爲便於計算平均數或標準差，組距常取 5 或 2 的倍數）

(5) 決定組間的界值（組界）

組間的界值以最小測定單位值的 1/2 來決定。（或取比測定單位小）

故第一組下限＝最小值－（最小測定單位÷2）

第一組上限＝第一組下限＋組距

第二組下限＝第一組上限

第二組上限＝第二組下限＋組距（以此類推）

[例]第一組下限＝77.5－(0.1÷2)＝77.45（組距 0.5）

第一組爲 77.45～77.95 〃

第二組爲 77.95~78.95 〃

第三組爲 78.45~78.95 〃 （以此類推）

(6) 求出組中值）x

組中值＝（組下限＋組上限）÷2

[例]第一組組中值＝（77.45+77.95）÷2＝155.4÷2＝77.7

如下表：

表 6-5

組數	組界	組中值	畫記	次數
1	77.45～77.95	77.7	||	2
2	77.95～78.45	78.2	|||	3
3	78.45～78.95	78.7	卌 |	6
4	78.95～79.45	79.2	卌 卌 |	11
5	79.45～79.95	79.7	卌 卌 卌 ||||	19
6	79.95～80.45	80.2	卌 卌 卌 卌 ||	22
7	80.45～80.95	80.7	卌 卌 卌 ||	17
8	80.95～81.45	81.2	卌 ||||	9
9	81.45～81.95	81.7	卌 ||	7
10	81.95～82.45	82.2	|||	3
11	82.45～82.95	82.7	|	1
合計				100

(7)作成數據的次數表

記號或 \| \|\| \|\|\| \|\|\|\| 卌

例如上表畫記及次數統計。

(8)直方圖用紙

一般圖表用紙為 1mm 方格紙。

(9)決定橫軸

①中心值刻度

②各組上、下限刻度

⑩ 決定縱軸

與橫軸成正方形，做次刻度。

製品名：通信用產品

工程名：A—S

期間：5 月 10 日

作成日期：5 月 12 日

作成者：×××

⑪ 把柱形繪上間隔相等。

圖 6-5

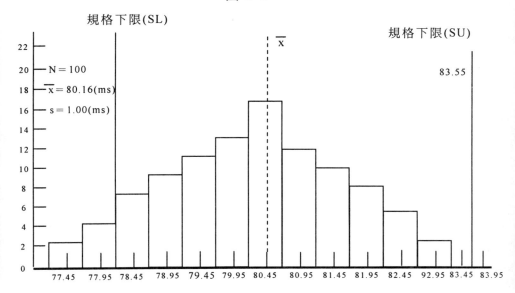

⑿**記入規格值，數據數（n）**

另計算記入平均值（$\bar{x}$），標準差（s）

⒀**記入必要事項**

製品名

工程名

期間

作成日期

作成者

4.平均值和標準差求法

直方圖繪成後要計算其平均值、標準差。

表 6-6

組數	組界	組中點 x	次數 f ①	u ②	uf ③ = ②×①	u²f ④ = ③×②
1	77.45～77.95	77.7	2	-5	-10	50
2	77.95～78.45	78.2	3	-4	-12	48
3	78.45～78.95	78.7	6	-3	-18	54
4	78.95～79.45	79.2	11	-2	-22	44
5	79.45～79.95	79.7	19	-1	-19	19
6	79.95～80.45	80.2	22	0	0	0
7	80.45～80.95	80.7	17	1	17	17
8	80.95～81.45	81.2	9		18	36
9	81.45～81.95	81.7	7	3	21	63
10	81.95～82.45	82.2	3	4	12	48
11	82.45～82.95	82.7	1	5	5	25
合計			100		-8	404

5.直方圖的應用

(1)測知制程能力

自製程中所搜集而得的數據，經整理成次數分配表，再繪成直方圖，直方圖的集中與分散情形即表示制程的好壞，直方

圖的中心點即為平均值的所在，經修正後的分配如為常態分
配，則自彎曲點中引出一橫軸的平行線，即可求得表現差異性
的標準差。良好的制程，平均數接近規格中心，標準差越小越
佳。

圖 6-6

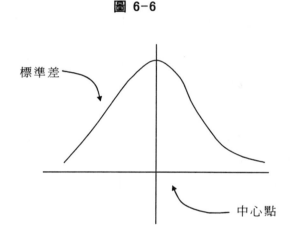

標準差

中心點

(2)與規格比較可計算不良率：

品管小組活動，常需計算改善活動後的不良率與改善前的
不良率，以觀察其活動成果。不良率可直接由次分配表計算出
來，也可自直方圖計算出來。

例如上例規格訂為 $35^{+0.04}_{-0.01}$ ，超出 40u 即規格上限的有 4
件，在規格下限 10u 以下的有 2 件，合計 6 件，佔 130 件的
4.62%，亦即其不良率為 4.62%。

三、層別法

1.層別法的定義

在製造制程中影響產品品質的要因很多，不良品發生時很可能只是其中的一台機械或其中的某一操作員或其中一種原料有了毛病，才發生這種不良品，所以我們要是能發現那一台機械，或那位操作員有問題的話，那就可以很容易找出毛病的所在，杜絕不良品的發生了。同樣如果我們能找出其中的那一台機械或其中的某一操作員所生產的產品，其品質較其他機械或操作員所生產的優良的話，那麼我們就針對這台機械或操作員加以研究，探求其原因，改善其他數台機械或其他操作方法。像這樣把機械或操作員或其他製造要因以機械別、操作員別或原料別等分別收集資料，然後找出其間是否有差異並針對這差異加以改善的方法叫做層別法或分層法。

例：圖 6-7

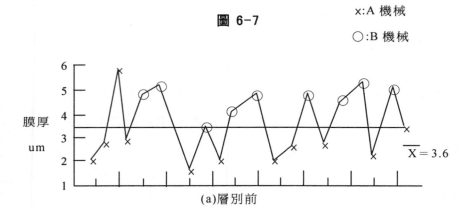

圖 6-7   x:A 機械

○:B 機械

(a)層別前

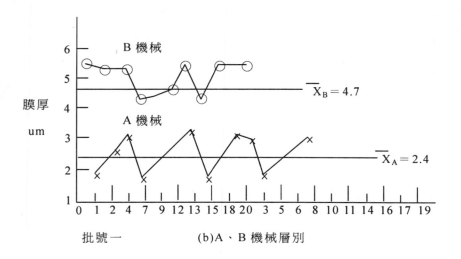

$\overline{X_B} = 4.7$

$\overline{X_A} = 2.4$

批號一   (b)A、B 機械層別

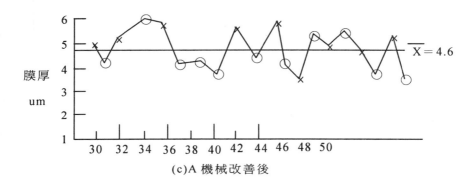

(c)A 機械改善後

2.層別的對象和項目

(1)時間別：

時間、日、午前、午後、白天、晚上、作業開始後、作業結束前、週別、旬別、季節別。

(2)作業別：

個人、年齡、經驗年數、男、女、新、舊別。

(3)機械設備別：

機種、號機、型式、性能、新、舊、工廠、治工具別。

(4)作業方法、作業條件別：

作業方法、作業場所、溫度、壓力、速度、轉數、濕度、氣候、方式別。

(5)原材料別：

購買產地、時間、成分、成品、貯藏期間、場所別。

(6)測定別：

測定器、測定者、測定方法別。

(7)檢查別：

檢查員、檢查場所、檢查方法別。

(8)環境、氣候別：

氣溫、濕度、晴、雲、雨、風、雨期、乾期、照明別。

(9)其他

新製品、良品、不良品、包裝、搬運方法別。

3.層別的方法

步驟 1：指定影響品質特性的製造要因

一般的製造要因為人、機械、材料、作業方法等可能的對象，必須先去瞭解。

步驟 2：製作記錄卡

依照物的流程、詳細記錄，如材料別、操作員別、機械別。

步驟 3：記錄成品的特性值如良品、不良品、長度、強度等計數或計量值。

步驟 4：整理資料

將所需層別對象和項目分別整理，如甲材料與乙材料，甲作業員與乙作業員。

步驟 5：比較分析

比較各製造條件（如甲作業員與乙作業員）之間是否有差異，不要主觀判斷，最好用統計方法來判斷。

[例]某真空管工廠，利用 5 條生產線，生產同一品種的真空管。但不良率很高，每月都在 7%左右，用各種方法都無法

減少不良率。最後只好用層別方法,將 5 條生產線分別收集數
據,加以統計,結果如下。

NO.1 生產線 3.5%(1,000 只)/日　　　選定

N0.2 生產線 3.2%(1,000 只)/日　　　問題生產線爲主題

NO.3 生產線 4.2%(1,000 只)/日

NO.4 生產線 18.0%(1,000 只)/日

NO.5 生產線 2.4%(1,000 只)/日

　　由上述數據我們知道 NO.4 生產線的不良率特別高,所以
先把 NO.4 生產線停下來,而把 NO.1、2、3、5 四條生產線每
天加班 2 小時。這樣生產以後,不良率一下就降低爲 3.4%。

　　NO.4 生產線分析的結果,發現排氣台有一小缺口,把這小
缺口修理以後,NO.4 生產線的不良也降低至 3.1%左右。

4.層別類別

在 QC 手法上運用層別,有下列層別的實施例子。

(1)圖表層別（**圖 6-8**）

(2)柏拉圖層別（**圖 6-9**）

(3)特性要因圖層別（**圖 6-10**）

(4)直方圖層別（**圖 6-11**）

(5)散佈圖層別（**圖 6-12**）

圖 6-8　圖表層別

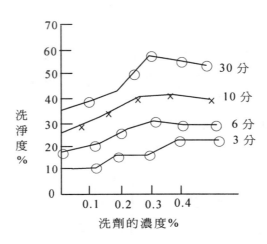

圖 6-9　尺寸不良項目的柏拉圖層別

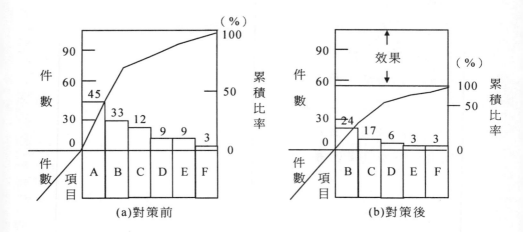

圖 6-10　成品的特性要因圖層別

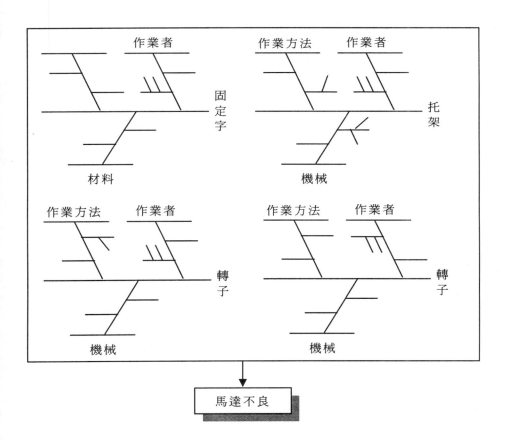

圖 6-11　直方圖原則

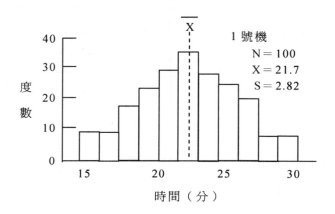

1 號機
N＝100
X＝21.7
S＝2.82

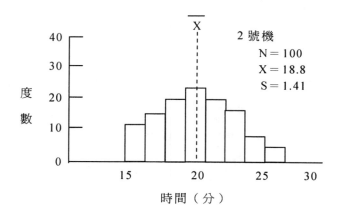

2 號機
N＝100
X＝18.8
S＝1.41

圖 6-12　散佈圖原則

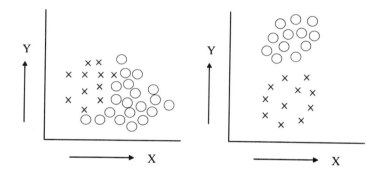

5.層別時注意事項

(1)數據的性質分類要明白的記下來

①5W1H 銘記（what. Why. Where. When. Who. how）

②不同的產品要區分。

③數據要符合目的。

④作業日記，傳票要每天記錄，情報傳遞要使各階層瞭解。

⑤關於不良品或待修，要層別放置。

(2)很多項目在一起時要層別。

(3)層別所得的情報與對策要連接起來。

四、特性要因圖

1.特性要因圖定義

1953 年品管權威石川馨教授所提出的一種分析結果（特性）與原因（要因）的極方便而有效的方法。

特性要因圖就是能一目了然地表示出結果（產品的特性）與原因（影響特性的要因）的影響情形或二者之間的關係的圖形。因其形狀很像魚骨，故又稱爲「魚骨圖」。

在目前現場問題改善方面，要因圖被視爲一種最方便、迅速且有效的工具之一，所以在品管圈活動中一直扮演著非常重要的角色，而號稱 QC 七大工具中的寵兒。

圖 6-13

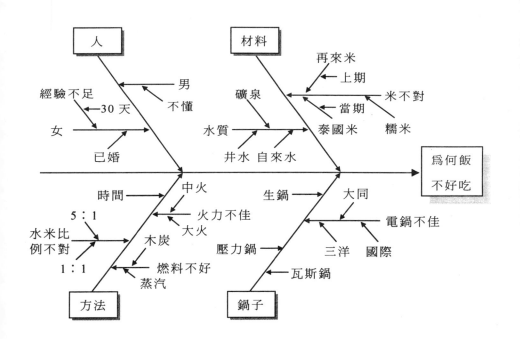

2.特性要因圖的畫法

(1)決定評價特性

自左向右畫一粗橫線代表制程，並將評價特性寫在箭頭的右邊，以「爲何×××不良」的方式表示。

(2)列出大要因

①大要因直接部門可依制程別分類，也可依 4M1E（人、機械、材料、方法、環境）來分類。

②大要因以□圈起來，加上箭頭的大分枝到橫粗線。

圖 6-14

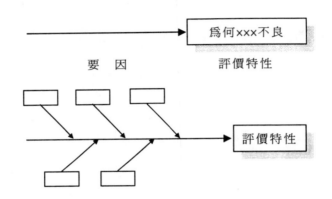

(3)各大要因中，分別記入中、小要因

①利用腦力激盪法，共同研討。

②依各要因分別細分，記入中要因、小要因。

③最末端必須是能採取措施的小要因。

④間接部門由圈員以中、小要因類別歸納，再確定大要因。

圖 6-15

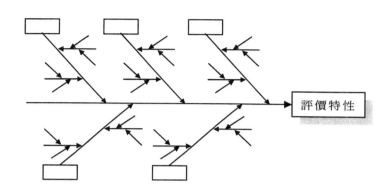

(4)圈選出重要要因 4～6 項（用紅筆圈選）

這些重要原因是下一步驟查檢的依據，當然圈選時仍需借助大家的經驗以及現場的實際狀況來判定。

(5)記入必要的事項

①產品名稱。

②流程名稱。

③完成日期。

④參與的圈員及圈長。

(6)整理

①整理成壁報，張貼現場。

②必要時，可再召開圈會修正。

3.繪圖時應注意事項

(1)集合全員的知識與經驗

盡可能的把多數有關人員、現場的主管、技術人員、前後

工序的人員等集合起來。以自由發言的方式把要因記上，但必須依照腦力激盪法的四個原則，不批評人家的意見、提出很多意見、展開聯想、自由奔放，歡迎奇特的構想。

(2)應按特性別繪製多張的特性要因圖

例如以「不良品」為特性時，應分為「尺寸不良」、「疵點不良」、「加工不良」等。繪製特性要因圖。

(3)把要因層別

應把計量的原因（溫度、速度、壓力）與計數的原因（機械別、人別、群體別）分開來，為使管理責任明確，應依部門別分類。

(4)以能解決問題為重點

繪製時，重點是「為什麼會發生這種結果」，分析後提出對策時重點是「如何才能解決」。依 5WIH 的方法自問自答也是很有效果的。

表 6-7

①為何必要（why）	②目的為何（what）
③在何處做（where）	④何時做（when）
⑤誰做（who）	⑥什麼方法（how）

4.特性要因圖的用途

用途極廣，現場、事務、研究、營業、甚至軍事等方面都可以使用，特性要因圖的做成以腦力激盪法的方式進行，可使全員參加成為可能，使全員的知識得以激發、整理，並使全員想法統一，發揮更大的效果。其用途可依目的分類為：

(1)改善解析用

以改善品質、提高效率、降低成本爲目標，進行現狀解析、改善時用。

(2)管理用

發生很多抱怨、不良品、或異常時，爲尋找原因，採取改善措施時用。

(3)制訂作業標準用

爲制訂或修改作業方法、管理點、管理方法等的作業標準。

(4)品質管理導入及教育用

導入品質管理，全員參加討論時用特性要因圖整理問題用。作爲新人的教育、工作說明時用。

5.特性要因圖的使用步驟

步驟 1：與作業標準比較

所有要因寫完後，依最末端小枝的要因調查現場實情並與作業標準內容比較。

步驟 2：決定改善事項並實施

對各要因決定其應實施事項及改善事項，全員所決定實施事項必須明確地加以標準化後，才確實實施。決定要改善的事項則不斷地試驗及試行，並經常查檢其結果。

步驟 3：確認重要的要因

對特性影響大而重要的要因，由全員以技術或經驗來決定，並分類爲重、輕、微要因。

步驟 4：使全員徹底瞭解

經常張貼到大家可看到的近邊地方，並於發生問題時，集

合有關人員在特性要因圖前面，舉行現場檢討會。

步驟 5：繼續進行改善改訂活動

每當問題發生即行改善，並在改善的同時改訂爲新的方法。

6.特性要因圖的特點

(1)繪製特性要因圖就是一種教育

對「變異的原因是什麼？」「這種原因對品質有什麼影響？」等問題大家一齊討論，就是每一個人把自己的經驗及技術發表出來，這樣參加繪圖的人員就可獲得新知識。並且只要看一看做成的特性要因圖就可學到很多東西。

(2)特性要因圖是討論問題的捷徑

特性要因圖是以特性的要因爲目標，大家一齊檢討的方法。這樣大家的討論就不會脫線，對著共同的目標可提出建設性的意見供大家討論，所以效果很顯著。

(3)特性要因圖可表示出技術水準

特性要因圖若寫得好，可說對制程的內容已有充分的把握。技術水準越高，所繪製出來的特性要因圖內容就越充實。繪製一個特性要因圖時只要進行 30 分鐘的腦力激盪，可舉出 50 甚至 100 以上的要因。

五、腦力激盪法

1.腦力激盪法定義

腦力激盪法（Brain Storming）是利用集體的思考，使想法互相激盪，發生連鎖反應以引導出創造性思考的方法。

(1)基本想法：

①我們與其用個人來想創意，還不如以集體方式來想有效果。因為互相激勵，可創造出更多的創意來。

②給予無批評的自由環境，就可發揮最高度的創造力。

(2)定義：

一群人在短暫的時間內，獲得大量構想的方法。

(3)方式：

①提出任何想到的「創意」

②然後評價（可分為立即可用、修改可用、缺乏實用性共三種）

在無拘無束的氣氛下，大家踴躍提出創意。評價時依目的及實現的可能性等，加以嚴格查核。這樣分別進行「創意」及「評價」的完全不同的思考過程，就是腦力激盪法的特徵。

2.腦力激盪法的四大原則

(1)禁止作任何評判

創意或發言內容的正誤、好壞完全不要去評判，假如有評判大家就不想說出來。

例如：企劃單位說到阿拉斯加去賣冰箱，或許有人說那地方很冷賣什麼冰箱。其實保持食物可食用的溫度，最重要。

(2)提出奔放的創意

歡迎有不同角度的看法，因為能夠脫離習慣上的想法，才能發展出很突出的創意，不要忽略。

例如：

①月亮裏有嫦娥，您說登月球可能嗎？但已實現。

②可口可樂為什麼暢銷，因為瓶子改了有曲線的外觀。

(3)儘量提出自己的創意

在有限的時間中，要求多量的創意，因此必須要有清新奇特的構想，一個創意產生更多數的創意。量多求質。

例如：像買獎券，買愈多中獎機會就愈多。

(4)歡迎對他人的創意做補充或改善

利用他人提出的創意，聯想結合新的創意。換句話說，期待創意的連鎖反應。

例如：絲襪選用材質，再加上腳趾、後跟補強，銷售量大增。

3.腦力激盪法的實施

(1)腦力激盪會議的準備

①時間：30 分左右，不要超過 1 小時。

②會議室：安靜、不受別事打擾，電話最好切掉。

③記錄員最好有二人。

④準備小鈴，圈員有違反基本規則時，用按鈴來管理會議。

(2)腦力激盪法的實施要領

①運用腦力激盪法時，若無適當的題目，是不易成功的。

②不能同時有兩個以上的題目混在一起。

③問題太大時，要分成幾個小題。

④創造力強，分析力也要強，更需具有幽默感。

⑤腦力激盪法分析問題，時間以 15 分至 60 分鐘為宜。

⑥圈長以外，需指定一位助理，將圈員之構想，簡要地寫在黑板上。書寫時，字體要清晰，用以啟發其他圈員的聯想。

⑦使用腦力激盪，會產生出無數的創意，有時在一小時內會有 400 條以上的創意，但這些創意不一定均具有實用性。

⑧需要把許多想出來的創意，經過評價，以選取解決問題所必須的創意。

⑨評價腦力激盪所想出來的創意，圈員最好受過創造性想法訓練，能客觀地判斷，並對問題有廣泛的認識。

4.創意的評價

從所提創意中，選出最好的創意。有兩種方式：

①腦力激盪的小組自己來選定。

②由評價小組評委來選出。

⑴基準：自己選定的方法，先要有選擇基準，其評價基準如下：

①符合目的

對解決問題的目的，其符合程度如何？對目的有何效用？雖然是能夠符合問題的目的，但是多數個創意適宜於同一問題的目的時，就要視其對目的的貢獻程度來衡量評價。

圖 6-16

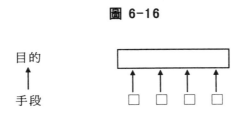

②**實現可能性**

當解決問題進行得順利時，是否可以達到目的，即達成的可能性如何？為要達成目的需要做些什麼？其困難度如何？費用要多少？有無預算？創意要改變現狀，大家是否可接受？對其他部門的影響如何？是否相關的人都有利？

(2)方式

①**表決式：**

依組員共同的決議，選定評價：

a.立即可用（可以馬上採用實施）

b.修改可用（略加修改補充，亦可採用）

c.缺乏實用性（無可行性，或胡思亂想）

②**卡片式：**

步驟 1：做成下列小卡片（約名片大小），創意內容簡單填寫。

（創意）		
目的達成度%	實現可能性%	期待值%

步驟 2：看過全數卡片，依「目的達成度」順次由上而下排列。決定最高及最低兩張，把目的達成度（%）填記卡片上。

步驟 3：中間的其他卡片，也依「目的達成度」順位填記。

步驟 4：實現可能性（%）同樣依照（步驟 2，3）要領填記卡片上。

步驟 5：計算每張卡片的期待值。

步驟 6：以期待值大小順位粘貼於大張紙上。

這樣評價所選的創意很少有 100%符合目的實現的可能性，因此需要再三地修正。

要塑成完善的創意，需要重覆使用腦力激盪法，再一次考慮問題內容及補充。

5.進行腦力激盪法注意事項

會議的進行方式：

①使會場產生自由與愉快的氣氛。

②應先舉手後發言。

③不妨礙「主意」的暢流，第二次相同的主意也要寫下來。

④不發言的人，可在適當的時機，指名讓其發言。

⑤鼓勵搭便車（對他人的創意再聯想、補充），互相激發主意。

⑥原則上主席不發言，只著重在發問。如遇到發言停頓時，可以誘導成員，繼續發言。

⑦從各個角度來發言。

⑧時間以 30 分鐘為宜。

6.不使用下列扼殺別人創意的詞句（十大禁忌）：

①理論上說得通，但實際上沒辦法！

②恐怕上級主管不接受！

③這事以前曾經有人提過了！

④違反公司基本政策！

⑤沒有價值吧！

⑥可能沒有這麼多的時間！

⑦會被人譏笑的！

⑧可能大家不會贊成的！

⑨我已想過了，這件事沒有多大把握！

⑩以後再想想看，或以後再研究吧！

7.腦力激盪法的效果

據實驗得知，用集體思考共同研討的方法要比個人暗中思考摸索，可以多 44%有價值的創意。在自由開放的氣氛下，激起創意的連鎖反應，很容易使常人跳出經驗的圍牆，而獲得意想不到的成果。

腦力激盪法和普通的開會，看起來好像是同一回事，都是討論某一問題，由幾個人在一起開會，但腦力激盪法有其獨特之處。例如創意的數量越多越好，創意不管是好是壞，絕不做評論，歡迎想法自由奔放，因而產生了獨特氣氛，導致獨特效果。

第二節　如何確定主要原因

在原因分析時，為避免遺漏掉真正有影響的原因，而要求展示原因的全貌，把只要有可能影響的原因都分析出來，並納入到因果圖或樹圖或關聯圖中去。這樣就會出現很多的原因，其中部分原因確實對問題造成了影響，也有許多原因，雖然有可能對問題造成影響，但實際狀態卻很好，沒有產生異常。如果所有原因都要制訂對策並加以實施，就必然會造成人力、物力、財力上的很大浪費，延長了解決問題的時間，同時還不能

清楚地知道到底是什麼原因在真正影響著問題。因此，要在諸多原因中，把真正影響著問題的原因找出來，以便對症下藥，制訂對策加以改進。

一、要從各種原因中逐條進行識別

因果圖、樹圖、關聯圖中所展示的是原因的全貌，其中有的是末端原因，有的是中間環節。中間環節雖然影響著問題，但它還受其他原因的影響，而末端原因則只影響別人，這才是根本原因。因此，對問題造成影響的真正原因，必然在末端原因之中。所以，我們要找出並確定主要原因，首先要把全部末端原因收集起來，以便逐條識別、確認。

二、如何識別主要原因

識別是否主要原因的唯一依據就是客觀事實。而能夠準確反映客觀事實的就是數據。為此，對收集來的全部末端原因，應逐條到現場進行確認，獲取數據，以判定這些末端原因對問題的影響程度，如果影響程度大，就是主要原因，如果影響程度小，就不是主要原因。

此外，當末端原因認為是某因素的技術標準制訂不當時，對此原因的確認，應在其他因素不變的情況下進行對比試驗，看其結果有無明顯差異，來判定是否為主要原因，見表 6-8 中第 6、8 兩條原因的確認。

表 6-8　要因確認計畫表

序號	末端原因	確認內容	確認方法	標準	負責人	完成日期
1	打膠過程溫度測量不準確	1#～12# 全部 12 台打膠機上的溫度計是否正確	用玻璃溫度計直接插入膠漿測溫與打膠機溫度計顯示溫度對比	不超過5℃		2006 年 7 月 15 日前
2	冷卻水壓低	測定冷卻水水壓值	按不同時間段多次測定	≥0.1mpa		2006 年 7 月 5 日前
3	冷卻水管有堵塞物	水管有無堵塞	拆下水管逐個檢查	無堵塞物		2006 年 7 月 5 日前
4	出水口溫度高	出水口水溫	按不同時間段多次測定	開啓冷卻水 40 分鐘後，出水溫度≤45℃		2006 年 7 月 5 日前
5	打膠機葉片角度不當	不同葉片角度是否影響膠漿溫度	到現場進行試驗，把葉片分別調成 A1、A2、A3、A4 四種角度，分別進行攪拌試驗後，實測膠漿溫度有無差異	溫差超過4℃則認爲有差異		2006 年 7 月 15 日前
6	輔料 3 投入時間不當	不同時間投入是否影響膠漿質量	到現場把輔料 3 的投入時間 1.按技術規定；	1.膠漿攪拌情況有無差異；		2006 年 7 月 12 日前

6	輔料 3 投入時間不當	不同時間投入是否影響膠漿質量	2.比技術規定提前一小時投入，進行對比試驗	2.觀察廢片率有無差異		2006 年 7 月 12 日前
7	輔料 3 顆粒過大	輔料 3 顆粒大小	投料現場抽查 10 批進行觀察、測量	直徑 ≤ 3cm		2006 年 7 月 18 日前
8	打膠攪拌時間不夠	加長打膠攪拌時間是否能改善膠漿質量，廢片率明顯減少	將造成廢片率較高的膠漿再返工攪拌一次，即增加了一倍的攪拌時間，進行對比	廢片率有無明顯差異		2006 年 6 月底之前
9	輔料 1 含水量高	輔料 1 的含水量	1.檢查當月輔料 1 的質量檢驗報告 2.抽測準備投料的輔料 1 含水量	含水量 ≤A%		2006 年 7 月 14 日前
10	塑膠有團塊疙瘩	有無團塊疙瘩	現場抽查10批樣本進行檢查	無團塊疙瘩		2006 年 7 月 7 日前
11	膠漿存放室溫度高	存放室溫度	不同時段實測存放室溫度	20 ～ 25 ℃		2006 年 7 月 14 日前
12	操作人員培訓不夠	操作人員全體的培訓情況	1.查閱培訓檔案 2.現場技能測試考核	合格率 100%		2006 年 7 月 4 日前

要因確認通常有以下幾種方法。

1.現場測量、測試

有許多原因,需到現場進行測量、測試取得數據,並與標準(要求)進行比較。如果取得的數據在標準的範圍內,就可判定它不是影響問題的主要原因;如果取得的數據與標準要求有明顯的差距,就可判定它確實是影響問題的主要原因,以此作為判別依據。

如:加工某產品尺寸超差的末端原因是「設備主軸跳動大」,確認時就要到現場去實測主軸跳動,測得主軸跳動為0.05mm,而標準要求是不大於0.01mm,說明設備主軸跳動,處於失控狀態,就可判定為主要原因。

又如:砼強度低的末端原因是「砂子含泥量大」,確認時,就要到現場抽取砂子的樣本,測定含泥量為3%,而標準要求含泥量不大於1%,說明砂子含泥量已失控,就能判定它是主要原因。

2.現場試驗

有的末端原因是不能通過直接測量、測試得到的,而要通過試驗才能得到作為證據的數據,這時就要到現場安排試驗驗證,取得數據,以便做出科學的判定。

如:軋鋼廠軋製鋼板,彎曲率達到30%,末端原因之一是「壓下量大」,對技術規定的壓下量25mm是否過大呢?就需要進行現場的試驗、驗證,於是安排了試驗計畫,在其他因素不變的情況下,把壓下量改為20mm,試軋一批鋼板,結果彎曲率為8%,有明顯好轉,從而判定「壓下量大」是主要原因。

3.現場調查

有的末端原因是屬於人的原因類別，不能從現場測量或現場試驗得到數據，但可從現場調查中，得到數據加以確認。

如：對「操作者未及時修整砂輪」這一原因，就可通過對現場操作進行隨機抽查的方法進行調查確認。技術規定每磨 10 個工件必須重新修整砂輪。在三天時間內隨機抽查了 10 人次（包含不同班次的操作者）。調查結果：磨 10 個工件修整一次砂輪的 2 人次，磨 15 個修整一次砂輪的 2 人次，磨 20 個修整一次砂輪的 5 人次，磨 25 個修整一次砂輪的 1 人次，技術執行率僅為 20%。因此，判定「操作者未及時修整砂輪」為主要原因。

由於末端原因較多，為使要因確認嚴密有序，更好地利用全體組員的力量來完成，可制訂要因確認計畫。

第三節　確定主要原因的實例

某制藥廠火車頭 QC 小組，為解決骨通貼膏廢片率高的問題，通過現狀調查，找出問題的癥結是「膏面色澤不均勻」，並針對「膏面色澤不均勻」分析了原因。原因分析樹圖見 6-17。圖 6-17 中共有 12 條末端因素，它們是：打膠過程溫度測量不準確、冷卻水壓低、水管有堵塞物、出水口溫度高、打膠機葉片角度不當、輔料 3 投入時間不當、輔料 3 顆粒過大、打膠時間不夠、輔料 1 含水量高、塑膠有團塊疙瘩、膠漿存放室溫度

高、操作人員培訓不夠。

圖 6-17

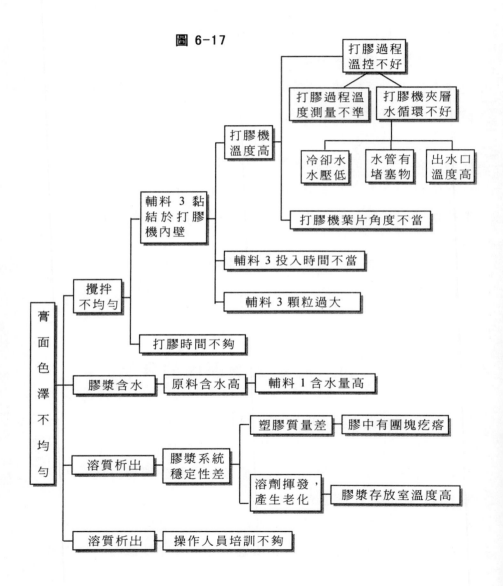

為找出到底那些條是真正影響問題的主要原因，小組制訂了要因確認計畫，見表 6-8，並按計劃進行確認。

確認一： 打膠過程溫度測量不準確。

公司技術規程要求打膠工序全過程溫度不得超過 65℃（表溫），並規定每隔 0.5 小時記錄打膠機溫度 1 次。此次質量問題出現正值夏季高溫天氣，打膠機溫度上升較快，但我們查閱 2000 年 7 月 3～7 日生產記錄，發現除 1 號、12 號打膠機溫度變化與高溫天氣相吻合外，其餘機台溫度升高不明顯，基本未超過 65℃，因此我們懷疑打膠機溫度測定不準確，造成打膠溫度失控。

確認方法：測溫採用直接讀打膠機溫度計和用玻璃溫度計插入膠漿兩種方法測定，計算兩種方法的誤差，誤差越大說明打膠機溫度測定越不準確。確認結果見表 6-9。

表 6-9

測量值 機台	膠漿溫度	表溫	誤差	結果
1 〃	74	67	7	
2 〃	77	56	21	
3 〃	78	55	23	
4 〃	79	57	22	
5 〃	78	51	27	8 〃 誤差 35℃ 最
6 〃	77	60	17	大，1 〃、2 〃 誤
7 〃	80.5	64	15.5	差 7℃、8℃ 最小
8 〃	80	45	35	
9 〃	79	55	24	
10 〃	76	57	19	
11 〃	78	51	27	
12 〃	80	72	8	

單位：℃

結論：溫度測定不準確，致使打膠機溫度失去控制，是主要原因。

確認二：冷卻水壓低。

確認方法：2000 年 7 月 4 日分半夜 0 點、上午 9 點、中午 12 點、下午 18 點四個時間段測定水的壓力，結果見表 6-10。

表 6-10

測量時間	0：00	9：00	12：00	18：00
現場實測值	0.3	0.06	0.06	0.02
技術要求值	≥0.1mpa			
結論	水壓太低，無法滿足技術要求			

結論：冷卻水壓低，是主要原因。

確認三： 冷卻水管有堵塞物。

確認方法：現場拆下水管檢查。拆下打膠機夾層進水管及出水管時，發現管內有水垢沉積，管徑縮小。

結論：冷卻水管有堵塞物，是主要原因。

確認四： 出水口溫度高。

確認方法：測試打膠機開啓冷卻水 0、20、40、60 分鐘時出水口溫度。結果見表 6-11。

表 6-11

測量值 機台	0 分鐘	20 分鐘	40 分鐘	60 分鐘	
1 〃	73	63	58	56	
2 〃	70	62	55	56	
3 〃	72	65	56	65	出水溫度偏
4 〃	69	63	56	56	高（技術要求
5 〃	70	64	55	55	40 分鐘後出
6 〃	72	64	57	56	水溫度 ≤ 45
7 〃	71	62	58	56	℃）
8 〃	71	61	57	55	
9 〃	72	63	55	54	
10 〃	71	61	54	54	
11 〃	73	65	58	58	
12 〃	72	64	56	57	

結論：出水口溫度高，是主要原因。

確認五： 打膠機葉片角度不當。

首先從理論上討論分析：打膠機固定葉片角度可以調整，葉片角度不同造成膠漿及原料對葉片轉動的阻力不同，由此阻力產生的磨擦熱也不同。理論上葉片角度越大，磨擦產熱越多，溫度越易升高。故打膠機葉片角度可對打膠機溫度造成影響。

確認方法：在現有技術條件下，用 12 號打膠機生產骨通貼

膏，設定固定葉片角度爲 A_1、A_2、A_3、A_4 四種狀態，分別在加入輔料 1 後再攪拌 2 小時測定膠漿溫度。檢查打膠機葉片角度與打膠機溫度的關係，結果見表 6-12。

表 6-12

時間	7 月 11 日	7 月 12 日	7 月 13 日	7 月 14 日
葉片角度	A_1	A_2	A_3	A_4
膠漿溫度	56℃	60℃	64℃	66℃

結論：打膠機葉片角度不當可造成打膠機溫度過高，是主要原因。

確認六：輔料 3 投入時間不當。

首先從理論上討論分析：膠漿中加入輔料 1 作填充劑，加入輔料 3 作增黏劑，在制漿時兩者又會發生中和反應，以降低對皮膚的刺激性。兩者中和反應需要一定的溫度，制漿時先加入輔料 1 與橡膠磨擦以迅速升溫。但輔料 3 軟化點較低，溫度過高易軟化黏結成團，有礙輔料 1 與輔料 3 中和反應及膠漿混合均勻。所以輔料 1 加入攪拌多長時間後加入輔料 3，對兩者能否很好地進行中和反應及兩者能否混合均勻都有影響。

確認方法：按現行技術投料和比現行技術提前一小時投料作對比試驗，結果見表 6-13。

表 6-13

項目＼試驗	試驗 1	試驗 2
試驗時間	2000 年 7 月 10 日	2000 年 7 月 11 日
試驗品批號	000712	000714
操作室溫度	39.5℃	39.0℃
試驗過程 — 輔料 3 投入時間	按現行生產技術	比現行生產技術提前 1 小時加入
試驗過程 — 加輔料 3 前打膠機溫度	67℃	54℃
試驗過程 — 輔料 3 加入攪拌 0.5 小時後觀察	有大量輔料 3 粘結附著在打膠機內壁	未觀察到輔料 3 黏結附著在打膠機內壁的現象，僅有少量輔料 3 下沉在底部
廢片率	12.1%	7.8%

結論：輔料 3 投入時間不當是主要原因。

確認七： 輔料 3 顆粒大。

公司標準要求用於投料的輔料 3 應破碎成直徑小於 3cm 的顆粒，投料現場抽查 10 批，結果見表 6-14。

表 6-14

序號	1	2	3	4	5	6	7	8	9	10
有無輔料 3 顆粒過大情況	無	無	無	無	無	無	無	無	無	無
均符合技術標準要求										

結論：輔料 3 顆粒大小符合要求，輔料 3 顆料過大不是主要原因。

確認八：打膠攪拌時間不夠。

確認方法：對出現質量問題的膠漿，我們採取了投入打膠機重新攪拌的返工措施。返工後觀察下道工序即塗膠工序塗布後膏面色澤是否均勻，並統計返工產品廢片率。操作人員及現場調查人員跟蹤觀察後一致認為返工後產品的膏面色澤基本上一致，與返工前產品相比有明顯改進，且廢片率也明顯下降。抽查五批返工產品，統計結果見表 6-15。

表 6-15

批號	000604	000605	000606	000608	000609
返工前廢片率	10.0‰	10.3‰	10.1‰	12.4‰	10.3‰
返工後廢片率	3.2‰	3.1‰	3.5‰	3.1‰	3.1‰

結論：延長打膠攪拌時間後膏面色澤不均勻現象改善，產品廢片率也隨之降低。打膠攪拌時間不夠是主要原因。

確認九：輔料 1 含水量高

公司原料質量標準要求對 21 種中藥材原料及吸濕性大的輔料（輔料 1）作含水量測定，含水量超標不得投料。我們檢查了問題出現後當月原料的質量檢驗報告，水分含量測定全部合格。此外，在現場對即將投入的輔料 1 抽測 3 批次，結果水分含量均低於標準 A%。

結論：原料含水量全部達標，原料含水過多不是主要原因。

確認十： 塑膠有團決疙瘩。

公司標準要求橡膠應用塑膠機塑煉成網狀或極薄的片狀，塑膠過程及時挑選出團塊狀疙瘩重新塑煉。現場抽查待投料的 10 批橡膠，檢查塑膠質量，結果見表 6-16。

表 6-16

序號	1	2	3	4	5	6	7	8	9	10
塑膠質量	網狀無團塊疙瘩	網狀無團塊疙瘩	網狀無團塊疙瘩	網狀無團塊疙瘩	網狀無團塊疙瘩	網狀無團塊疙瘩	網狀無團塊疙瘩	網狀無團塊疙瘩	網狀無團塊疙瘩	網狀無團塊疙瘩

結論：抽查 10 批全部符合要求，塑膠質量差不是主要原因。

確認十一： 膠漿存放室溫度高。

確認方法：7 月 12 日 0：00、6：00、10：00、14：00、18：00 五次到膠漿存放室實測室溫：最高 24℃，最低 21.5℃，

平均 23℃，符合 20～25℃的標準要求。

結論：膠漿存放室溫度高，不是主要原因。

確認十二：操作人員培訓不夠。

1.公司規定，操作人員崗位技術培訓需達到 250 課時，並經考試合格後方可正式上崗。我們查閱關鍵工序——膠漿製備工序操作人員教育培訓檔案，統計他們接受崗位技術培訓的時間及考試成績，見表 6-17。

表 6-17

姓名	培訓時間	考試成績（分）
A	1989 年 8 月，1998 年 8 月	89，90
B	1985 年 8 月，1998 年 8 月	78，85
C	1994 年 8 月，1998 年 8 月	85，88
D	1985 年 8 月，1998 年 8 月	83，98
E	1994 年 8 月，1998 年 8 月	89，98
F	1989 年 8 月，1998 年 8 月	89，81
G	1989 年 8 月，1998 年 8 月	87，87
H	1985 年 8 月，1998 年 8 月	90，91
I	1985 年 8 月，1998 年 8 月	88，93
J	1985 年 8 月，1998 年 8 月	78，76
1998 年 8 月起膠漿製備工序搬至分公司操作，因更換設備，全體操作人員全部重新培訓。		

2. 2000 年 7 月 7 日對膠漿製備工序全體操作人員進行技能測試考核，結果見表 6-18。

表 6-18

參考人數	不合格人數	合格人數	優秀人數	合格率（%）
10	0	7	3	100%

結論：全體操作人員崗位培訓及操作技能測試合格，操作人員技術培訓不夠不是主要原因。

通過以上逐條確認，找出了影響「膏面色澤不均勻」的主要原因是：

1.打膠過程溫度測量不準確；

2.冷卻水壓低；

3.冷卻水管有堵塞物；

4.出水口溫度高；

5.打膠機葉片角度不當；

6.輔料 3 投入時間不當；

7.打膠攪拌時間不夠。

從該實例中，可看出針對所有的末端原因，逐條到現場通過調查、測量或現場試驗，取得數據，與標準進行比較來識別、判定，這樣確認出的主要原因，證據確鑿，理由充分，因此是科學的，就可以對症下藥地制訂對策，進行改進。同時由於確認做得具體，必然會給正確制訂對策，打下良好的基礎。

第七章

品管圈活動的思考對策

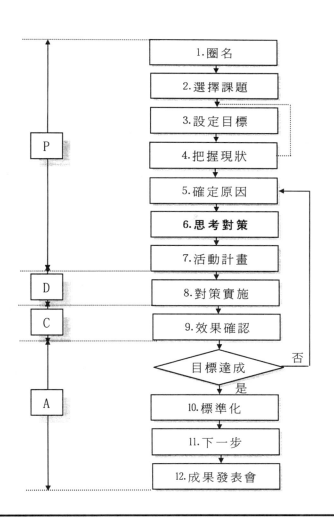

第一節　改善對策的提出

1.改善的觀念

改善就是改善目前的作法，使效果更好，改善事例在工作現場有很多。

①降低工作現場內的不良品。

②品質改善

③提高效率。

⑶改善的五個條件

好→品質的改善→製品的質

輕鬆→疲勞的減輕→人際關係

安全→不安全的減輕→安全感

快→時間的縮短→作業效率

便宜→經費的節省→成本

2.提出對策的想法

提出改善對策，圈員全體一起來參與及動腦筋：創意＋構想是把記憶在腦海中的零散事物組合起來，成為新而有效的組合。人數愈多，則記憶的組合產生好創意，好構想的可能性會愈高。因此，留存在頭腦中的記憶相互利用才能發生效用，要達到相互利用，就須在品管圈會中把想到的構想，儘量提出交

換意見。

若僅記憶量多，並不能成為智慧，要如何組合成新而有效的改善對策才是最重要的。

3.提出對策的步驟

(1)明確構想的目的：

①目的何在。

②有無其他手段。

(2)抽出改善的構想，列記改善對策。

①提出好構想的態度

a.想到時，當立即記錄。

b.不要僅限於一個構想中。

c.忽視一般所謂的常識批判。

d.從各種角度、觀點去考慮。

e.決定期限。

②提出改善對策思考的原則。

a.應用 5W1H 的方法。

b.應用腦力激盪術的方法，充分創意、突破現狀。

c.檢討 4W。

d.考慮改善 12 要點。

c.應用 3 多原則

f.應用愚巧法。

4.提出對策應注意事項

(1)要全體圈員共同參與創造思考，動員所有的知識與經驗。

(2)對策要具體可行，避免「加強」、「儘量」、「隨時」等抽

象的對策。

(3)要提出既經濟且有效益的對策，符合經濟原則且能達到指定效果。

(4)對策不應與管理發生矛盾抵觸，經過大家的研討，且管理者確認後才可實施。

(5)要自己能力可以解決的對策，若超出圈員能力範圍，則易流於紙上談兵，影響效果，進而減低參與活動的熱情。

(6)活用改善的各種原則，與柏拉圖和特性要因圖的內容相呼應對照，必要時可用實驗法試行。

(7)善用愚巧法，活用圈員獨創力。

(8)要治本而非治標的對策。

5.整理改善對策

依下列重要度決定對策的優先順序

表 7-1

等級	內　　容
A 級	本圈能簡單實施的對策
B 級	本部門有辦法實施的對策
C 級	要其他部門協力才能實施的對策
D 級	要花很大費用及長時間的對策
E 級	本部門無法實施只能建議的對策

第二節　如何提出對策

1. 5W1H 法（表 7-2）

5W1H	內　容	質　問
What（什麼）	①去除不必要部分和動作 ②改善對像是什麼 ③改善的目的是什麼	①做什麼？ ②是否無其他的可做？ ③應該必須做些什麼？
Where（何處）	①改變場所或改變場所的組合 ②作業或作業者的方向是否在正確狀態	①在何處做？ ②爲什麼在那地方做？ ③是否在別的地方來做，能變得更有效率？ ④應該必須在何處來做？
When（何時）	①改變時間、順序 ②改變作業發生的時刻、時期或時間	①何時來做？ ②爲什麼在那時候來做？ ③是否可在別的時間做更有利？ ④應該必須在何時做？
Who（誰）	①人的組合或工作的分擔 ②作業者之間或作業者與機器、工具間的關係	①是誰在做？ ②爲什麼在那時候做？ ③是否可在別的時間做更有利？ ④應該必須在何時做？
How（如何）	①使方法、手段更簡單 ②改變作業方法或步驟，使所需勞力更減少，熟練度較低，使用費用更便宜的方法。	①情形到底是如何？ ②爲什麼要如此做？ ③是否沒有其他可代替的方法？ ④到底什麼作法是最好的方法？
Why（爲何）	①將所有的事情先懷疑一次，再作深入的追究。 ②把上面的 5 個質問（What. Where. When. Who. How），均用 Why 來檢討，並找出最好的改善方案	①爲何要如此做？ ②爲何要使用目前的機器來做這種工作？ ③爲什麼要照目前的步驟來進行？ ④爲什麼要如此做？

2.改善的 12 要點（表 7-3）

要點	內　　容
⑴排除	把這種東西去除掉如何
⑵正與反	把這種東西，用相反的方法來做如何
⑶正常與例外	這種東西是否經常會發生的
⑷定數與變數	只須處理有變化的東西
⑸擴大與縮小	變大效果如何，縮小後效果又如何
⑹結合與分離	結合起來效果如何，分離開效果又如何
⑺集中與分散	集中在一起效果如何，分割成幾個效果又如何
⑻附加與分散	加上如何，分散又如何
⑼變換順序	重新組合如何
⑽共同與差異	對不同點加以發揮
⑾補充與代替	使用別的東西如何，改換別的東西如何
⑿並列與直列	同時做如何，照順序做又如何

3. 4M 法（表 7-4）

作業者 （Man）	・是否遵守標準 ・作業效率是否良好 ・是否具有問題意識 ・是否具有責任感 ・是否具有技術	・是否具有經驗 ・配置是否適當 ・有否改善意識 ・人情關係是否良好 ・健康狀況是否良好
設備工具 （Machine）	・是否能負荷生產能力 ・是否具備充分制程能力 ・加油是否適切 ・有無充分的點檢 ・是否發生故障停止的現象 ・整理與整頓是否做好	・是否有精度不足的現象 ・是否會發生異常 ・配置是否適當 ・數量是否有過多或不足
原材料 （Material）	・數量有無發生錯誤 ・等級有無發生錯誤 ・廠牌有無產生錯誤 ・有無混入異質材料 ・在庫量是否適切	・有無浪費的現象 ・處理情形是否良好 ・配置情形是否良好 ・品質水準是否良好
好方法 （Method）	・作業標準內容是否良好 ・作業標準是否有修改 ・這種方法是否安全 ・這種方法是否是可製成好製品的方法 ・照明、通風設備是否適當 ・這種方法是否能提高效率 ・前後工程的連接是否良好	・作業順序是否適當正確 ・相互協調是否良好 ・溫度、濕度是否適當

4.愚巧法

(1)只要是人，不管如何注意，也會發生錯誤。愚巧法就是為使再愚鈍的人來操作或作業，也不會發生錯誤，而考察出來的一種方法。

(2)愚巧法的要點

①對物品的形狀、大小、色、感覺、音等使能很容易就能正確識別。

②利用治具或輔助工具，使不出錯。

③用物品的放置方式，或作業順序，來區別常易混淆的相似作業。

④若作業順序錯誤，使不能進入下一作業。

(3)例如

①電器的保險絲→防止過負荷。

②特別加濃氣味的煤氣→防止洩漏。

③煤油爐倒後會自動熄火裝置→防止火災

④定期要更換乾淨的煙灰盒→使煙灰缸保持清潔。

⑤鐵路交叉口的自動警報器→防止交通事故。

5. 3「多」的原則（表 7-5）

3「多」的原則	質問的內容	
(1)勉強多	• 人員是否勉強？	• 方法、時間是否勉強？
	• 設備是否勉強？	• 場所是否勉強？
	• 技能是否勉強？	• 生產量是否勉強？
	• 原材料是否勉強？	• 在庫量是否勉強？
(2)餘欠多	• 人員是否多餘或不足？	
	• 設備是否多餘或不足？	
	• 場所是否多餘或不足？	
	• 技能是否多餘或不足？	
	• 生產量是否多餘或不足？	
	• 原材料是否多餘或不足？	
	• 在庫量是否多餘或不足？	
	• 方法、時間是否多餘或不足？	
(3)浪費多	• 人員是否浪費？	• 方法、時間是否浪費？
	• 設備是否浪費？	• 場所是否浪費？
	• 技能是否浪費？	• 生產量是否浪費？
	• 原材料是否浪費？	• 在庫量是否浪費？

第八章

品管圈活動的活動計畫

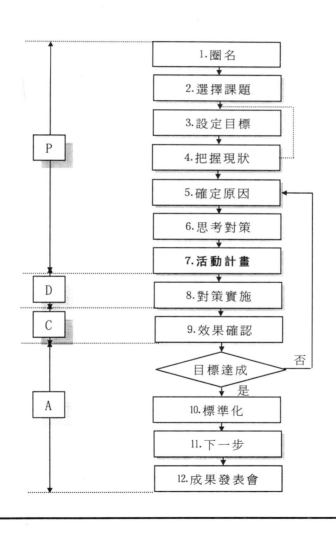

為了確實地達成目標，一定要制定充分採用每一成員意見的活動計畫。

　　若建立一個很好的計畫的話，就比較能夠簡單的去解決問題點。為了不要做無謂的努力以及產生出大的效果，就有必要建立一個穩固的計畫。

表 8-1　活動計畫表

	實施項目	負責人	活動計畫				
			6 月	7 月	8 月	9 月	
活動計劃	現狀的把握	小陳	---->　6/31				
	目標的設定	小李	--->　7/31				
	原因的分析	小吳		--->　8/10			
	對策的檢討實施	小肖		--->　8/31			
	效果的確認	全員			--->　9/10		
	統一、標準化	小陳			--->　9/30		
	反省	全員				--->　9/30	

以下為建立活動計畫所應注意的事項：

(1)清楚地抓住活動的目的及問題點。

(2)盡可能詳細收集關係到主題的事實。

(3)常和上司、同事們一起聊天。

(4)若有必要的話，要擁有修正計畫的時間。若要具體地決定活動的計畫，可在上表的「活動計畫表」裏記下日程。要安排從容但時間不過長的日程。

這個活動計畫表是爲了顯示出，小組活動「現在進行到那個階段？」「今後做什麼比較好？」，藉此表就可以無遺漏地、確實地進行活動。

第一節　活動計畫展開流程

QCC 活動以前就存在「沒有計劃就沒有活動，沒有活動就沒有反省，沒有反省就沒有改善，沒有改善就沒有成長」的說法。活動計畫是必不可少的一個環節。活動計畫無法一次就制定得非常完善，它需要經過多次的 PDCA 循環，方可制定出一份好的計畫。

圖 8-1　活動計畫的流程圖

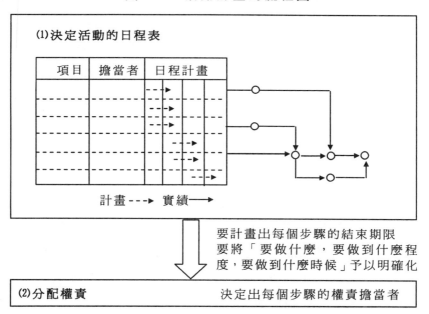

(1)決定活動的日程表

項目	擔當者	日程計畫

計畫---▶　實績──▶

要計畫出每個步驟的結束期限
要將「要做什麼，要做到什麼程
度，要做到什麼時候」予以明確化

(2)分配權責　　　　　　決定出每個步驟的權責擔當者

第二節　活動計畫關鍵要點

1.決定活動日程

- 按照問題解決的步驟，決定實施項目（從開始到報告匯
  總）。

- 按照問題解決的步驟，將每個步驟何時開始到何時結束
  予以日程表化。

- 活動期間適宜安排在 3～4 個月左右，若活動期間過長，

171

活動可能會停滯。

- 上次活動展開的反省事項，要融入本次計畫內。

- 每次活動展開的實際時度要在計畫內加以註明，便於日程管理。

- 當計畫和實績有很大幅度的差異時，要採取對策加以彌補。

- 任何衝突的活動或生產排程的相關事項，均要事先加以考慮。

2.決定權責分配

工作分擔是整個活動中非常關鍵的要素，要根據現場的實際情況與全員的實際能力。分配有關項目的任務，充分發揮每個人的專長和個性。切不可將工作集中在 1～2 個人身上。

- 決定活動步驟的權責。

- 決定團隊運作的權責（誰擔任本題的圈長、副圈長、文書等等）。

- 善用每個人的長處和個性，讓他們負責可發揮專長的項目。

- 經驗和成長是相關的，安排任務的同時，也要考慮到圈員的成長和鍛鍊教育。

實例　採取步驟責任來展開活動計畫的事例

(1)採取步驟責任制，將工作權責分配給全員（**表 8-2**）

	實施項目	擔當	8	9	10	11	12
P	選題理由	張三					
D	現狀把握	李四					
D	解析	小虎					
D	對策	阿牛					
C	效果	老王					
A	標準化	老李					

(2)每個步驟再做進一步的分割，再依據 5W1H 的技巧制定詳細計畫，並將權責分配予以明確（**表 8-3**）

現狀把握詳細計畫書				
Why	What	What	When	Where
現況	收集數據			
現況	量測			

(3)每個步驟再做進一步的分割，再依據 5W1H 的技巧制定詳細計畫，並將權責分配予以明確

第三節　活動計畫的實施注意點

一般來說，活動計畫是為了讓自己的活動能自覺地來運作，所以須把它放在重要適當的位置。

現將活動計畫的重點說明如下：

(1)活動計畫具有監視活動運作的功能

為了使活動更加活潑化，做到讓活動計畫依照自己的進度來展開改善活動，背後就是要靠活動計畫的支持，要做到自主的活動。應該讓活動計畫本身依據 PDCA 來運作以掌控活動計畫的進度。

(2)當明白了整個活動全貌時就決定出活動計畫

現狀把握之後，問題點和改善目標就會變得很明確，那麼整個活動的全貌就會變的很完整；此時若去制定活動計畫的話，則整個改善活動的安排將會變得非常明確，目標也會變得非常具體。這和一開始在渾然不知的情況下去制定計劃是完全不同的。如此就能提升計畫本身的準確度。

(3)在制定正式計畫前先定出暫定計劃

正如很多人所擔心的一樣，在現狀把握後制定計劃的做法導致了從選題到現狀把握這段期間沒有計劃。所以在制定出正式計畫之前可先定出暫定計劃，以便能有計劃地來展開活動。

表 8-4　活動計畫常見的優缺點

優點	缺點
1.活動計畫表各步驟時間安排妥當。	1.未依 P、D、C、A 及活動步驟製作活動計畫表。
2.預定與實際進度有差異時會備註說明。	2.活動步驟不完整。
3.成員任務分配清楚。	3.實際進度與預定計劃有差異時未作說明。
4.有其他的計畫同時表示。如：教育訓練、圈會。	4.實施線與計畫線同時畫上，而不是依照實際進度畫上實施線。
	5.本期活動期間與計畫表上不一致。
	6.未經過全員討論和認可。
	7.各步驟未有負責人，權責未做分工。

第九章

品管圈活動的對策實施

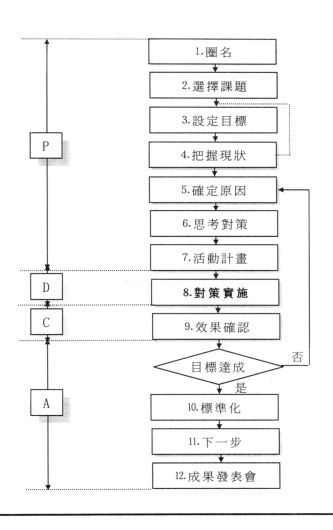

所謂對策就是,如何去解決所發現之問題的原因,或者是,如何讓影響力轉小。

　　如果沒有辦法提出對策,可能是因爲對原因的分析不夠充足。

　　因爲 QC 小組活動是以事實爲基礎來解決問題,所以,應該也要以科學的方法來設定對策。常有很多案例是根據特性要因圖「判斷爲何會成爲問題的原因,然後再提出已標準化的對策」,來解決問題,僅僅用此方法,很難說是一個最適當的對策。此方法對原因真的有效嗎?若是有效的話,是給予那一方面的影響?這些都必須用資料明確地整理出來。

　　對於一個問題,應該多想幾個對策,利用要因的分析從各個角度做調查。在做檢討的時候,可參考各方面的所提出的對策,然後在其中找出最適當的來。

　　以下爲在設定對策時,所應注意的事項:

⑴抓住真正的原因

　　在思考對策的時候要注意的一件事是,絕不會只有一個要因,必定有其他我們不瞭解但卻是最有影響的要因。

⑵全體成員一起思考

　　全體成員要一起思考,互相交換意見。全員一起檢討、決定對策是相當重要的。不要有「只想一個對策」的想法,而要想出很多,然後挑取最好的。

(3)有可能實行的

檢討所討論出來的對策，在現實環境裏是否可行、這點很重要。

即使已決定好對策了，但實行後卻不能確定有無效果，這就像「在紙上畫餅」一樣。

另外，當你在實行新的對策計畫的時候，若有影響到別的部門或者有需要別的部門幫忙的情形下，必須要取得他們的諒解。如此的話，在需要適當援助的時候會進行的比較順利。

第一節　對策實施的展開流程

在解決一個問題時，往往有三種對策，分別是短期應急對策(因應現象，結果的對策)、長期改善對策和再發防止對策(因應原因所採取的對策)。

短期應急對策只是為了防止問題的擴大或者為了讓現場持續運作的臨時對策，一旦採取應急對策後，問題會在一定時間內得到緩解，這時應去分析問題的真正原因並採取長期改善對策。改善對策一旦落實到位並證明有效的話，就應該採取再發防止對策確保問題再不出現，這點要特別注意。

圖 9-1　對策實施的流程圖

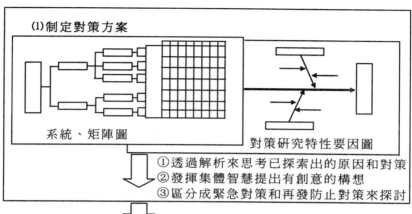

(1)制定對策方案

系統、矩陣圖

對策研究特性要因圖

①透過解析來思考已探索出的原因和對策
②發揮集體智慧提出有創意的構想
③區分成緊急對策和再發防止對策來探討

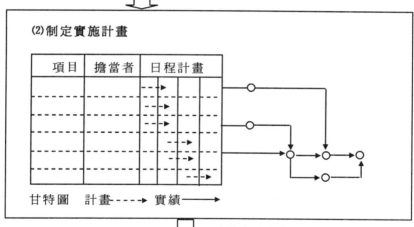

(2)制定實施計畫

項目	擔當者	日程計畫

甘特圖　計畫- - -▶　實績────▶

要計畫出每個步驟的結束期限
要將「要做什麼，要做到什麼程
度，要做到什麼時候」在圖上標出

(3)實施可看到明顯效果的對策　①優先考慮自己能解決的問題
②和上司討論以便得到協助
③讓對策與效果的連接明確化

第二節 對策實施的關鍵要點

1.制定對策方案

以分析中所追查到的要因為焦點,採取對策使其不再發生。

- 根據已確認過的原因別來制定對策實施方案;
- 先不管可行性如何,提出大量有助於問題解決的方案;
- 把屬於自己工作權責內可以實施的方案列為優先考慮;
- 對上司及前後過程等相關人員的意見加以考慮;
- 在創意的構思和收集階段,不做任何批評,相關的創意方法請參考表一:5M 查檢表法,表二:5W1H 法,表三:3 現象(浪費,不均勻,不合理)查檢表;
- 對實施的對策進行一一展開。

2.制定實施計畫

一旦決定了實施對策後,就要去制定相對應的實施計畫。

- 使用 5W1H 法決定做什麼,由什麼人來做,何時完成,做到什麼程度;
- 根據每個人的工作職責慎重地進行權責分配,實現一人負責一項,全員負責。

3.實施可看到明顯效果的對策

- 先自己嘗試去解決,其次才向同事和上司請求協助,最後才去請求別的現場幫忙
- 實施多個對策時,要掌握每個對策的實施效果

4.制定實施順序

表 9-1： 5M 檢查法

作業員 （Man）	機械、設備 （Machine）
• 是否遵守作業標準？	• 是否符合過程能力？
• 工作效率是否良好？	• 是否符合生產能力？
• 是否具有問題意識？	• 注油是否適當？
• 是否具有責任感意識？	• 點檢是否充分？
• 是否掌握技能？	• 是否故障停止？
• 是否掌握經驗？	• 精確度是否足夠？
• 是否具有上進心？	• 是否出現異音？
• 安排是否妥當？	• 配置是否適當？
• 健康狀況是否良好？	• 配件數量是否適當？
• 人際關係是否良好？	• 是否實施整理，整頓？
量測方法 （Measure）	**材料、零部件 （Material）**
• 該量測設備的精度是否足夠？	• 是否有數量錯誤？
• 該量測設備有校驗嗎？	• 是否有品牌錯誤？
• 該量測設備有校驗期到了嗎？	• 是否有等級錯誤？
• 該量測設備有點檢嗎？	• 是否有不同材料混入？
• 量測人員經過訓練嗎？	• 庫存量是否適當？
• 量測員經過資格認證嗎？	• 是否有浪費？
• 用此設備量此部件合適嗎？	• 在製品是否置之不理？
• 量具的 R&R 有定期做嗎？	• 使用情況是否良好？
• 量具的線性夠嗎？	• 配置是否適當？
• 量具有磨損嗎？	• 品質水準是否良好？
作業方法 （Method）	
• 作業標準內容是否良好？	
• 作業標準是否修訂過？	
• 是否為安全的作業方法？	
• 是否為提高效率的方法？	
• 是否做出良好物品的方法？	
• 作業安排是否良好？	
• 程序是否適當？	
• 照明、通風是否良好？	
• 溫度、濕度是否適當？	
• 前後過程的連接是否良好？	

表 9-2：5W1H 查檢表法

何時 （When）	何處 （Where）
• 何時要做？	• 在何處做？
• 何時做的？	• 何處做的？
• 何時做比較好？	• 何處做比較好？
• 沒有其他可以做的時候嗎？	• 沒有其他可以做的場所嗎？
• 沒有其他該做的時候嗎？	• 沒有其他該做的場所嗎？
• 時間上是否浪費，不均衡，不合理？	• 某處是否有浪費，不均衡，不合理？
何人 （Who）	何事 （What）
• 由何人做？	• 要做何事？
• 何人做的？	• 做了何事？
• 何人做比較好？	• 做何事比較好？
• 沒有其他可以做的人嗎？	• 沒有其他可以做的事嗎？
• 沒有其他該做的人嗎？	• 沒有其他該做的事嗎？
• 是否有人浪費，不均衡，不合理？	• 何事浪費，不均衡，不合理？
如何 （How）	為何 （Why）
• 如何做？	• 爲何由該人做？
• 怎麼做的？	• 爲何做該事？
• 怎麼做比較好？	• 爲何在該處做？
• 可否使用其他方法？	• 爲何在該時做？
• 沒有其他該做的方法嗎？	• 爲何那麼做？
• 方法上是否浪費，不均衡，不合理？	• 想法上是否浪費，不均衡，不合理？

表 9-3：三現象（浪費、不均勻、不合理）

表 9-3-1：三現象之一——浪費

浪費現象	人員浪費	• 是否按工作量配置人員？
		• 等待時間是否過多？
		• 是否适才適所？
		• 是否有浪費的動作？
		• 工作上分配是否浪費？
		• 是否因計畫、安排不當而發生浪費？
	材料浪費	• 產率是否過低？
		• 是否扔掉仍可使用的材料？
		• 是否有使用便宜材料即可卻使用高價材料情形？
		• 是否出現過多的廢品？
		• 是否因整理不好導致損失而必須重做？
		• 設計上是否合理？
	設備浪費	• 是否未充分使用機械能力？
		• 機械，工具是否有效利用？
		• 是否配置不當發生浪費？是否閒置設備？
	方法環境浪費	• 工作場所是否實施整理、整頓，有無時間或物品的浪費？
		• 是否可用更簡單的方法來達成同樣的目的

表 9-3-2：三現象之二——不均衡

不均匀現象	人員不均衡	• 共同作業時，是否一方連休息時間也沒有，而另一方卻很悠閒？ • 熟練者與非熟練者的配置是否良好？ • 是否有時發生太忙或太閑的現象？ • 在培訓輔導方面是否有不均衡的現象？
	材料不均衡	• 零件品質是否均匀？ • 材質上是否均匀？ • 完工狀態是否均匀？
	設備不均衡	• 各設備的生產能力是否平均？ • 設備的使用方法是否有時太勉強？有時太浪費？
	方法、環境不均衡	• 是否因計畫、安排不當而使工作的質量產生不均衡？ • 工作方法是否標準化？ • 標準化的實施，各工作崗位是否步調一致？

表 9-3-3：三現象之三——不合理現象

不合理現象	人員不合理	• 對工作的人力分配是否不足？ • 是否以機器加工即可而卻有以人力加工的情形？ • 是否因不合理姿勢而增加疲勞？ • 工作人員對工作是否持有必要的知識、技能和經驗？
	材料不合理	• 品質、性能、強度等是否安全？ • 進料或外包是否勉強（品質、交期、成本）？ • 設計上是否不合理？
	設備不合理	• 是否因使用方法超出機械能力而縮短其壽命？ • 是否對精度較低的機械要求高精度的加工？
	方法，環境不合理	• 各部門之間是否建立繁忙時期相互支持的體系？ • 是否制定作業標準的制、修、廢手續？ • 作業環境（溫度、照明、震動、噪音等）是否有不合理的現象？

實例　將問題點與對策利用矩陣圖來展開的事例

要點：

(1)使用對應表單，將問題點、對策、目標、方法匯總成一覽表。

(2)特別是針對問題點及對策利用這套方法將其關聯性加以整理，經由解析來查清楚原因並瞭解其中的關聯，如此一來解

析的實質效果就一一浮現。

(3)對對策的目標和權責分配予以明確化。

(4)對策內容以圖示說明是一種很容易理解的表現方法。

表 9-4

不良要因	對策	目標	方法
因不知道確切位置，所以派車花時間	張貼馬上能夠看出派車地點的地圖	時間的縮短	道路地圖作成(1) 擔當：甲
不清楚所需時間	依據使用時間別來標記 A、B、C、D 派車時間	做預約時參考	轉送時間一覽表作成(2) 擔當：乙
不清楚派車件數	附上派車台賬以便預約	預約分流	每週派車台賬作成(3) 擔當：丙
沒有擔當者	迎送車輛的擔當者清楚定義	改善運作流程	每週擔當勤務表作成(4) 擔當：丁

(1)道路地圖（圖 9-2）

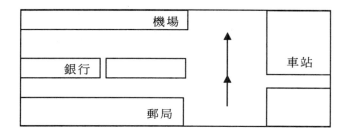

(2)轉送時間一覽表（表 9-5）

派車地點	去程	回程	等級
火車站	20 分	40 分	C
郵局	15 分	25 分	B
賓館	13 分	30 分	B
百貨大廈	10 分	10 分	A
銀行	11 分	12 分	B

(3)每週派車台賬（表 9-6）

商務	A	B	B	C
接客	C	A	A	C
外出	A	A	A	A

第三節　對策實施的問題點

1.實施要依據 5W1H 方法加以執行

在現場問題改善的過程中，經常發現很多問題的現狀把握，真正原因分析也做得很到位，也採取了相關措施，但是實施過後，沒有取得應有的改進效果。這是因為大部分的改善活動，在 CA（Corrective　Action）或 PA（Preventive　Action）欄備註的職責是部門別的責任，有的甚至落實到個人，而個人也不知道該幹些什麼。這導致改善措施執行不力。

而 5W1H 在執行改善措施的過程中，按照為什麼（Why）要執行此項改善措施，做什麼（What），在那裏做（Where），如何做（How），何時做，何時完成（When），由誰做（Who）方式嚴謹地加以展開，確保對策實施到位並產生相應的效果。

表 9-7　對策擬定之常見的優缺點

優　點	缺　點
1.對策之創意明顯並具有實現性與效果性。	1.對策與原因未對應清楚。
2.創意多且層面廣。	2.對策內容太過於簡單或形容詞太多。
3.評價項目適當。	3.未從小要因著手思考對策。
4.有防止改善措施實施後產生副作用。	4.每個原因只有一個對策,顯然問題解決力與經驗不足。
5.採用改善案之多寡和目標設定值為依據。	5.對策與活動主題不相關。
6.改善案之成員任務能充分分配。	6.對策評價未確實或評價項目不合理。
	7.改善案之選取未考慮目標值之設定。
	8.僅僅擬訂出應急對策,缺乏永久對策。
	9.對策未經合理之評價或試行便立即實施

表 9-8　對策實施之常見的優缺點

優　　點	缺　　點
1.依改善案具體化計畫表逐項實施。	1.實施的內容與對策擬訂的條款不相符。
2.改善前與改善後皆以圖表說明。	2.對策實施時未經過相關的教育訓練說明。
3.改善案一看就有前後明顯差異。	3.未善用愚巧法、流程圖及表單表示。
4.效果檢討能以圖表表示。	4.未對每一個對策進行個別效果確認或檢討。
5.效果不佳時有新對策加以改善。	5.未注意對策實施可能帶來的負作用。
6.能明顯看出改善的努力程度。	6.改善前後未用圖表表示以顯示出差異。
7.應用愚巧法來從事對策之實施。	7.效果檢討未以圖表表示。
	8.未追查進度和實施效果。
	9.殘留問題沒有處理方法。

第十章

品管圈活動的效果確認

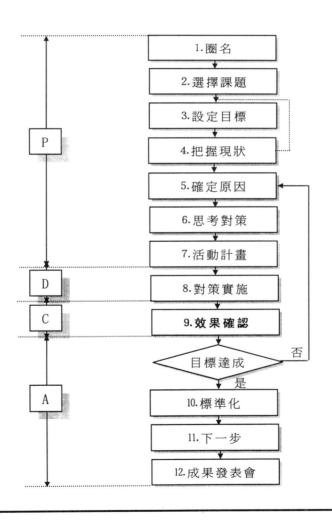

P
- 1.圈名
- 2.選擇課題
- 3.設定目標
- 4.把握現狀
- 5.確定原因
- 6.思考對策
- 7.活動計畫

D
- 8.對策實施

C
- 9.效果確認

目標達成 ── 否

是

A
- 10.標準化
- 11.下一步
- 12.成果發表會

在實施針對原因所定的對策計畫時，要常常調查其結果是否有得到期待中的效果。確認這件事情相當的重要。絕對不要放任不管，一定要圍繞著 PDCA 的小組。

常常有調查其結果後，卻發現沒有如預想中的效果。並不是一直都只有好的效果，有時也會出現壞的效果。得到預期中的效果後，成員們必然會感到喜悅，但若不及預定的目標值時，這時就一定要立刻考慮下一個對策了。

以下為確認效果時所應注意的重點。

(1)在收集改善實施前和實施後的資料時，要確認和改善實施前同一條件下的東西。另外那份資料盡可能地使用數字以及圖表來表示。

(2)要確定，和當初所定之目標相同的效果（直接效果）以及另外產生的效果（間接效果），有無表示出來。有些東西是用數量來表示，而有些東西只能用言語來表現。而我們所期待的東西，有可能有些有實績而有些沒實績。

(3)要檢查一下實施改善後有無新的問題引發出來。

(4)檢查若使用了技巧，是否有更好的餘地。

(5)經常調查，對於本來的有形效果、看不見的無形效果及意想不到的波及效果是如何地被表示出來。

(6)未達成當初所定的目標嗎？若達成了，有無反省是否有格外的花費時間和費用？一定要將這些問題確實的檢查一遍，然後在下次的目標設定反映出來。當然也有必要檢查所定的目

標是否過高或過低。

效果沒有如所想的顯示出來的話，大部分都是由於沒做充分的要因分析和對策計畫的檢討。所以有必要在第二次對策、第三次對策時回到前面的階段做修正的工作。

但是，也並不是只看到那個結果就下結論說達成率的好壞。而是要如何去看達到那結果的過程。亦即，最重要的事情應該是去檢查這個計畫是否正確，特別是，建立目標的方法是否有錯誤。

第一節　效果確認的展開流程

針對對策的實施效果，集把握效果的相關數據，運用 QC 手法進行分析，並以數據確認改善效果。改善效果可分為用數值來加以確認，如產品不良率的下降、交貨期的縮短和成本的削減這一類有形的效果；以及無法數值化的，如團隊精神的提升、品質意識的強化、解決問題能力的提升、士氣的改善等無形效果。具體流程請參考圖 10-1。

圖 10-1 效果確認的流程圖

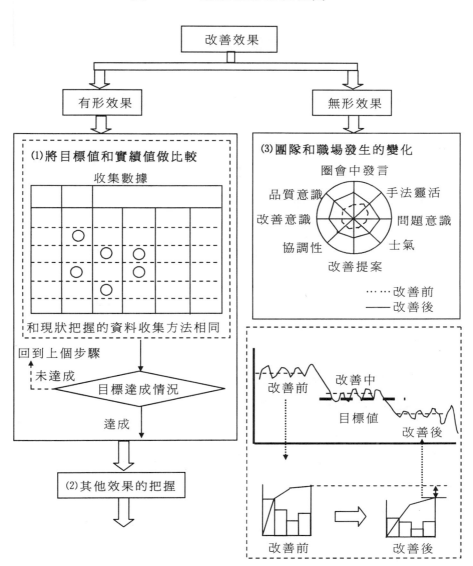

第二節　效果確認的關鍵要點

1. 比較目標值和實績值（有形成果的把握）

針對問題的改善目標，並和實績值相互比較以確認目標達成率。

- 確認原先設定的目標值是否達成。
- 當未能達成目標時，則返回到步驟 4（解析）和步驟 5（對策實施）重新進行。
- 效果的把握要同現狀把握以同樣基準加以比較，對每個對策確認其效果。
- 依重點項目來確定改善效果時，也要去收集整體改善。

2. 其他效果的把握

- 也要把握有形效果以外的涉及效果
- 試著把效果換算成金額

3. 團隊和職場發生的變化（無形成果的把握）

無形效果項目甚多，較為常見的有：團隊成員問題解決能力的提升，QCC 活動自主性的改善，團隊的工作環境改善，問題意識，改善意識，品質意識提高，QC 手法的活用能力等。

- 人際關係的增進、能力的提升、團隊精神的提升與改善，都要各自地做活動前後的比較；
- 建議採用雷達圖等多元的比較方式，會讓人更易於理解。

實例 13　從多方面多角度確認效果的事例

(1)相對於目標值的效果

以刮傷不良作爲目標，並用柏拉圖明確指出活動的結果（不良數將爲 0）

圖 10-2　電腦主機不良的柏拉圖

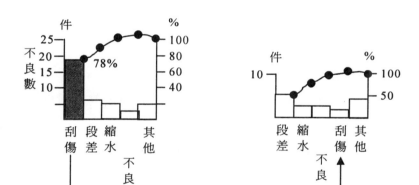

(2)波及效果

對波及效果也要掌控，以瞭解對自己活動影響的大小。

圖 10-3　供應商來料短裝推移圖

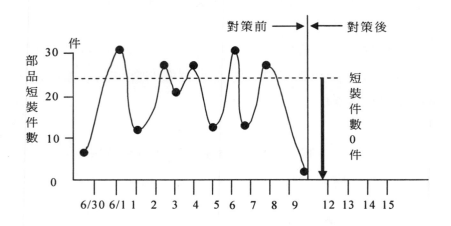

(3)無形效果

對無形也要數值化，以便讓活動前和活動後的狀態明確。

圖 10-4　QCC 自我評估圖

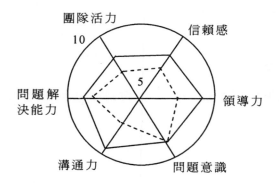

4.為了增進問題改善效果，該從那個步驟下手為佳呢？

在題目選定及現況把握這兩個步驟對改善效果最具有決定性。因此依據這兩個步驟的做法，就會決定大部分的改善活動的改善效果，下面列舉出在題目選定與現況把握時的注意事項。

(1)切勿隨便就決定改善主題

在選定題目時，問題的篩選方法有時是非常抽象的，因此很多人就會忽視問題篩選情況，若是對問題的篩選方法漠不關心的話，對原因追究也不會重視，結果就選不出具有改善效果的主題。

因此選題時，全體成員一定要謹慎地去做檢討並篩選出來能被大家認可的改善題目，加深每位成員對問題的理解程度，也使活動更有效率。

(2)當現況把握沒有深入時

也就是當現狀把握只掌握到問題的表面現象時，最糟糕的是沒有進行任何層別差異分析就直接進入真因分析的現象，難以掌握問題發生的真正原因，更無從談改善的效果了。

表 10-1　效果確的認步驟實施中常見的優缺點

優　點	缺　點
1.作圖表示現狀值、目標值與實際值。	1.衡量的指標與改善前不一致。
2.計算目標達成率。	2.對策效果不佳時，沒有提出新對策或重新解析。
3.改善前後有形效果作圖比較。	3.未表示目標達成率及進步率。
4.改善前後無形效果作圖比較。	4.圖表與主題特性值關係不明確。
5.效果不佳時有新對策加以改善。	5.改善前、中、後數據混雜不明。
6.實際改善績效的基準合理。	6.收集數據太少或不實在。
	7.圖表未顯示資料來源、數據期間及收集者。

第十一章

品管圈活動的標準化

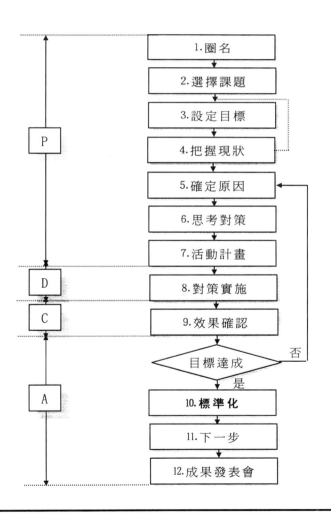

品質管理活動裏所謂的「制止惡化」「標準化」，一般人可能還不太熟悉。但它卻肩負著重要的任務。

　　另外，所謂「標準化」，就是關於工作或事情的處理方法，不論誰來做，都要使其單純化、統一化。具體地說，就是規定部署、狀態、動作、步驟、方法、手續、責任、義務、許可權、思考方法等等的決定。

　　所謂「制止惡化」，就是在特別地舉行一段時間的改善活動後，爲了不再返回活動之前的情景，所做的一種處置。

　　解決問題之步驟的總務，就是管理週期的「Ａ＝處置」。

　　一旦在確定效果後，得知得到了如你所期待的結果，就有這個問題已經解決了、能夠順利地改善了的想法，那是不對的。事實上事情尚未結束。即使已經藉由改善，而使得成績比以前提高。但若就此放手的話，那就有可能還會回到以前的狀況。

　　無論如何，因爲新的作法，大家都會不習慣，所以，會有不知不覺地返回以前所習慣之作法的傾向。爲了永久地持續所做出的改善成果及保持其良好的狀態，制止惡化及標準化是相當重要的。

　　制止惡化的步驟，一般是依以下來做：

(1)方法的改善

　　若是有改變作業方法，要將新的方法標準化。如此，不管是誰或什麼時候做，皆能正確地作業。將決定作業的步驟、應注意重點、要點此三項標準的根據，明確地做成標準書。此外，

利用此標準來進行使員工能正確地作業的訓練也是很重要。

⑵日常的管理

要檢查及管理新的方法和設備是否有被正確地使用。爲此，要預先決定平常所應該做的資料，其使用及整理的方法等等。

旅館業和餐飲業裏有很多的手冊，而這些手冊未必不是絕對的東西。因爲有必要記下來的東西很多，所以，可在實際上容易活用的條款上做訂正、改善的工作。

第一節　標準化的展開流程

所謂的標準化，就是將所有的對象予以統一化、單純化，讓任何人都可以清楚明白地去執行這一類的動作並因此而得到利益的一連串活動。在現場問題解決的過程中，效果確認後，接下來就要考慮效果維持的方法，以及確認效果維持是否持續被認爲有效的對策，經上級批准後，予以標準化。同時相關過程必須維持在管控狀態，以便能持續得到令人滿意的改善效果，因此必須徹底實施新的作業標準。另外管控項目也必須重新檢討，以便查驗重大管控項目是否有遺漏。因此，整個改善效果的維持就在於標準化執行徹底與否。許多活動的效果無法維持，許多問題點會再次發生，就在於標準化方面做得不夠徹底。

圖 11-1　標準化的流程圖

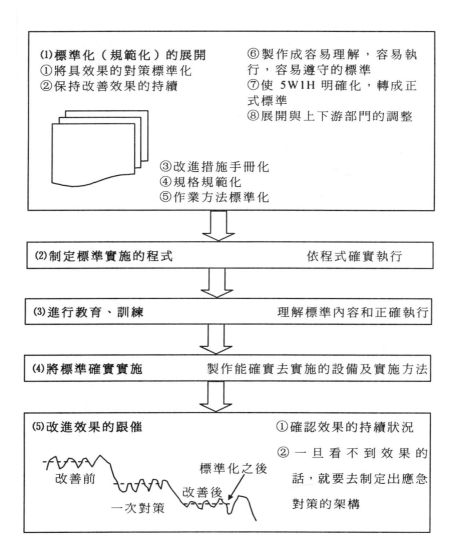

第二節　標準化展開的關鍵要點

1.制定標準實施的程序

一旦標準化修訂工作完成，就要去完成登錄手續，以形成正式的標準。

* 按照公司的標準制定或修訂手續進行，並寫明修訂理由及日期；
* 確實去執行新增、修改、廢止文件的手續；
* 當要執行新增或個性後的作業標準時，要取得上司認可後方可實施；
* 有關標準的修訂廢止，一定要聯絡上下相關工程作同步的實施。

2.標準化的展開

在所實施的對策中，將具有實際改善效果的對策予以標準化，就可以謀求改善效果的持續。有必要時，可實施臨時標準。

* 具有顯著改善效果的對策，就是標準化實施的對象；
* 將工作的方法和流程予以標準化，並制定修改規格公差、文件手冊等這一類標準文件；
* 標準要遵從由誰、何時、何處、如何、等 5W1H 的模式加以規定以方便實施；
* 認真調查上下流程間的關係，來展開相關部門文件的制定及修訂工作。

1.標準化的具體內容

很多現場改善人員都知道，若將有效果的對策謹慎地加以標準化，改善效果就會維持下去，可實際上想要長期地維持改善效果是相當困難的。事實上很多改善效果無法維持，其中一個非常關鍵的原因就是標準化只注重形式而不注重效果就宣佈大功告成了。標準化的重點如下：

(1)標準化是讓有改善實效的對策可以持續下去的方案

所謂的標準化，就是去除發生不良原因所採取的對策當中，讓能產生實際改善效果的方案持續下去。很多現場 QCC 改善團隊將已實施的對策全部標準化，倘若能將標準化的重點放在產生具體改善實效的改善對策上，必能徹底做到活動標準化並將標準化實效發揮到極限。

(2)標準化總共由四個步驟所構成

標準化是由標準化、教育訓練、標準化實施、效果查核這四個步驟所組成，缺少一步，就構成不了具有實效的標準化。很多人認為，標準化只要去制定出相應標準手冊或對相關文件進行修訂就可以了，但是請別忘了，這只是標準化步驟的一部分。

(3)標準化實施的注意事項

①不要只做到手冊制定或修訂，標準化就結束；

②標準化的內容要傳達給相關人員，必要時集中加以教育訓練；

③標準化的內容要盡可能地運用防呆技巧；

④標準化效果維持狀況可用控制圖或其他管理圖做查核；

⑤當問題再次發生的話，要去確認標準化的內容。

2.如何才能避免同樣的或者相類似的問題在其他部門或機型再次發生？

現場改善活動完成之後，需及時將活動資料加以整理，匯總成清楚易懂的資料並做發表，讓其他部門也能瞭解改善的過程和所用的方法；其次要多參加行業交流會，相互啓發，積極去「盜取」對手的好方法變爲己用，這樣，方可避免「重覆問題重覆解決」的情況發生。

3.對標準化後的作業方法進行教育訓練

如果只是把新的標準交給作業員去執行，並期待改善效果，這確實有難度；因爲作業員並不一定會好好閱讀，而且即使讀過後，也會對內容產生誤解。因此，身爲現場管理人員，應對部屬進行有關標準措施的充分訓練，然後方可執行新修標準。

- 對於關鍵改進措施，召開會議或利用早會等各種會議，向有關人員加以說明，大家理解後方可徹底實施；
- 對作業員切實進行教育訓練，在主管人員本身理解標準的同時，部屬也具備該項技能；
- 制定一套當分派新進人員，或作業員交接班時就要做教育、訓練的計畫體制。

4.標準化的實施

標準化的實施不光是口頭宣達而已，要下功夫方可做到，即使沒有特別的作業要點也要遵守作業標準以進一步鞏固改進效果。

- 標準要認真切實地加以實施，如能配合有關查檢表更有
利於標準化的執行；
- 制定一套任何人來做，都不會出差錯的作業安排和作業
流程；
- 將防呆法（Mistake-proof）的概念設計到改善措施的標
準化中去，並修訂出一套不遵守規定作業流程就無法作
業的架構。

5.改進效果的跟催

制定一套在標準化實施後，能確保對策持續實施並產生改
進效果的體制，並透過這種體制予以跟催並活化改進成果。效
果跟催一般使用查檢表、推移圖、直方圖等 QC 手法加以確認。

- 對改進效果是否持續的掌握，平常可應用管理圖及管理
圖表中的數據來監控；
- 監控工作要融入到日常管理中，並確實來實施；
- 如果發現有關管控特性的控制圖呈現異常狀態、不良品
突然增加、原料大批不良等惡化現象，就要制定出一套
可以繼續維持對策改善效果的機制或重新檢討改善對
策的有效性；
- 活動結束後，要把相關的改善要點製作成查檢表，由專
人負責定期跟催。

實例 利用 5W1H 來做標準化的事例

1.經由 5W1H 來明確決定出項目及擔當者，並將防止再發的對策內容予以明確。

表 11-1

為何	要做什麼	何時	何處	何人	如何
明確落實新方法	查檢表	3/24	組裝	A	作成新標準
品質保證工時管理	標準作業書	3/28	衝壓	B	作成新標準
在廠內徹底做好	作業方法	4/1	衝壓	C	早會訓練

2.通過標準書修改的具體展現，讓標準化的內容得以明確。

實例 總體對策標準化與水準展開的事例

1.標準化的內容要能具體地展現；圖面變更，標準化，水準展開，好讓責任擔當及實施狀況得以明確。

表 11-2

項目	內容	擔當	檢查
尺寸圖面變更	向正的方向做尺寸的變更	A	已完成
測試手冊的作成	使測量誤差最小化的變更	B	實施中
水準展開	新部品工程能力檢討	C	已完成

2.用直方圖來展現規格值與實際狀況兩者間的差異,一旦每批次及其工程能力都具相當水準就能表現出效果維持的狀態。

圖 11-2

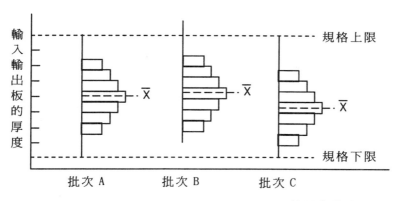

效果的落實狀況

表 11-3　標準化常見的優缺點

優　點	缺　點
1.標準化作業程序完備。	1.有標準化說明但無書面資料。
2.改善內容與標準書一致。	2.未建立相關標準化作業程序。
3.明確表示新訂、修訂、增訂或廢止。	3.標準內容與對策不符。
	4.沒有思考防止再發對策。
4.有日常管理作業及教育訓練配套實施。	5.沒有水準展開到類似的過程或產品上。
	6.標準化後沒有教育訓練。
5.有效果維持之管理圖表統計分析。	7.未有日常管理之效果維持。
	8.未定期檢討標準化的合適性。

第十二章

品管圈活動的下一步打算

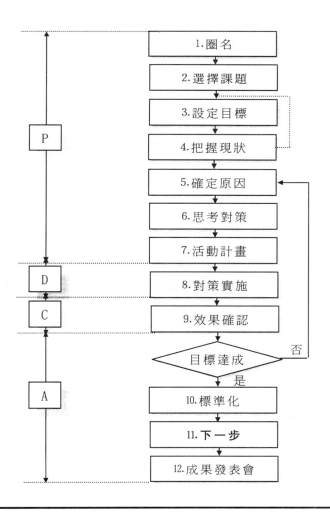

P	1.圈名
	2.選擇課題
	3.設定目標
	4.把握現狀
	5.確定原因
	6.思考對策
	7.活動計畫
D	8.對策實施
C	9.效果確認
	目標達成 否
A	是
	10.標準化
	11.下一步
	12.成果發表會

第一節　總結

　　沒有「總結」就沒有提高，沒有「下一步」，就沒有目標。小組在本課題得到解決之後，要認真回顧活動的全過程，成功與不足之處是什麼，那些地方做得是滿意的，那些地方還不夠滿意。肯定成功的經驗，以利於今後更好地開展活動，接受失誤教訓，以使今後的活動少走彎路。通過總結，鼓舞士氣、增強自信、體現自身價值，提高分析問題和解決問題的能力，更好地調動小組成員的積極性和創造性。

　　一般來說，品管圈活動的總結，可從專業技術、管理技術和小組綜合素質三個方面進行。

一、專業技術方面

　　QC 小組在活動中分析問題存在的原因，確定主要原因，制訂對策，進行改進都需要用到專業技術。通過活動，使小組成員的那些專業技術得到了提高，那些專業知識及經驗得到了掌握，而那些專業知識和技能還欠缺，都需要小組成員在一起認真總結。通過總結必然會使小組成員在專業技術方面得到一定程度的提高。

二、管理技術方面

在解決問題的全過程中，小組活動是否按照科學的 PDCA 程序進行，解決問題的思路是否已做到一環緊扣一環，具有很好的邏輯性；在各個階段需決策之處，是否都能以客觀的事實——數據作爲證據，而具有科學性；在工具的應用方面是否能運用得恰當，即此處就該用這種方法，並運用正確無誤。

通過從管理技術方面進行總結，就能進一步提高小組成員分析問題和解決問題的能力。

三、綜合素質方面

QC 小組在對活動過程總結時，可從以下幾個方面對 QC 小組的綜合素質進行自我評價：

1.質量意識是否提高（含安全、環保、成本、效率等意識）；

2.問題意識、改進意識是否加強；

3.分析問題與解決問題的能力是否提高；

4.QC 方法是否掌握得更多些，且運用得更正確和自如；

5.團隊精神、協作意識是否樹立或增強；

6.工作幹勁和熱情是否高漲；

7.創新精神和能力是否增強，等等。

通過綜合素質的自我評價，使小組成員明確自身的進步，從而更好地調動小組成員質量改進的積極性和創造性。

小組進行綜合素質的自我評價，通常使用評價表並繪製成簡單的雷達圖或柱狀圖，以一目了然地展示出活動前後的對比情況。

例：某小組在總結中對小組的綜合素質進行自我評價

表 12-1　自我評價表

序號	評價內容	活動前（分）	活動後（分）
1	團隊精神	65	85
2	質量意識	75	90
3	進取精神	90	90
4	QC 工具運用技巧	65	95
5	工作熱情幹勁	80	85
6	改進意識	60	80

圖 12-1　自我評價雷達圖

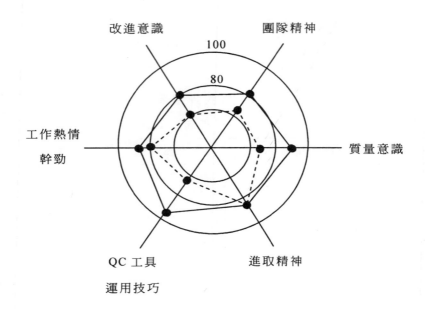

從雷達圖可以看出：

(1)小組進取精神一直不錯，現在已保持下來。

(2)在 QC 工具運用技巧上有明顯提高。

(3)在團隊精神、質量意識、改進意識和工作熱情上比活動前有所進步。但在改進意識上只得 80 分，說明小組在這方面還有較大差距，今後應在大膽改進上有所突破。

上述自我評價也可用柱狀圖表示，見圖 12-2。

圖 12-2

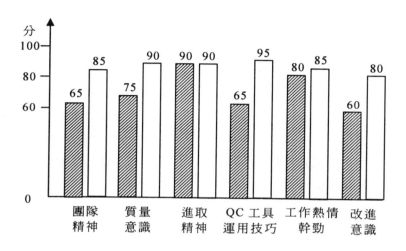

例：QC 小組活動小結

表 12-2

活動內容	優點	有待努力	今後努力方向
課題選擇	用「頭腦風暴法」選題適當，符合上級要求		吸收其他小組的經驗，擴大本組選題範圍
現狀調查	對問題深入調查，能掌握重點	方法運用不熟練，分析不夠細	加強方法的學習，訓練靈活運用
設定目標	依數據推估目標值，能客觀設定目標		加強數據收集和分析，使目標設定更明確化與合理化
原因分析	成員充分發表意見，並能到現場確認主要原因	有的原因未分析到末端，有的要因尚缺少數據	對作好的原因分析圖應確認是否分析到末端，如沒有，則要進一步分析；對主要原因應盡可能用數據說明它對問題的影響程度
對策與實施	對策富有創意，且有效解決問題	未能事先評估其副作用	學習「創新型」的一些方法；評估與改善對策的副作用
檢查效果	確認實施效果並予追蹤，確保效果穩定		改進無止境，持續追蹤，持續改進
標準化	制訂良好作業標準，提高作業效率，並推廣至其他單位		將作業標準推廣至各條生產線

第二節　下一步打算

品管圈活動的下一步,要解決的課題可從以下方面來選擇:

1.在現狀調查分析問題癥結時,找出來的關鍵少數問題已經解決,原來的次要問題就會上升爲主要問題,把它作爲下次活動的課題,繼續解決它們,將使質量上升到一個新的水準。

2.在最初選擇課題時,小組成員曾提出過可供選擇的多個課題,經過小組評估,得分最高者已經解決了,在其餘的問題中,還可以找出適合小組解決的問題。

3.再次發動小組成員廣泛提出問題,從中評估選取,可根據小組的具體情況來確定之。

第十三章

品管圈活動的小組成果發表會

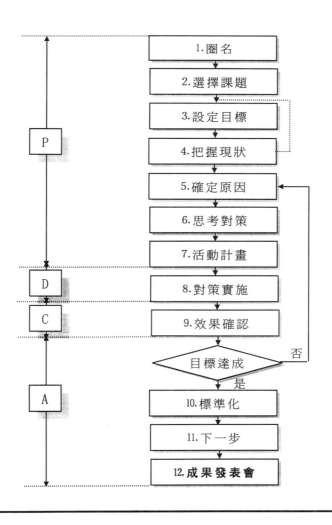

第一節　為什麼要成果發表會

QC 小組成員經過共同努力，使課題活動取得了成果，達到了預定的目標，不管該成果是否有直接效益，也不分效益的大小，組織都應該給他們提供發表成果的機會。這種成果發表，可以是在組織的基層單位發表，也可以是在組織的高層範圍發表。

有人認爲，QC 小組活動取得成果以後，我們只要組織一些專家對其活動與成果進行評審，分成不同等級，給予一定獎勵就可以了，爲什麼還要組織成果發表呢？他們認爲，組織成果發表很費事，要做許多籌畫工作，如安排合適的時間、場地，準備必要的發表工具，請有關主管到場聽發表並予以鼓勵等。應該說，這種認識有很大的局限性，他們只看到了組織成果發表的困難一個方面，卻沒有瞭解組織成果發表的重要意義。其實，組織 QC 小組活動成果的發表，不是爲了應付上級的要求，也不是僅僅爲了評選各級優秀 OC 小組，當然更不是爲發表而發表地走形式。組織不同層次的 QC 小組活動成果發表，是 QC 小組活動的一個特色，具有其他形式難以取代的獨特的作用。

1.交流經驗，相互啟發，共同提高

在各級成果發表會上，取得了活動成果的 QC 小組發表自己的成果，談活動的經驗、體會和不足，這就爲其他 QC 小組和聽眾學習他們的經驗，尋找自己的差距提供了條件。人家的不足，

可能正是我們今後活動中應該注意改進的地方，再加上成果發表會上聽眾的提問與答辯，以及專家對成果的講評，可以很好地起到相互交流，互相啓發，共同探討，取長補短，集思廣益，共同提高的作用。

2.鼓舞士氣，滿足 QC 小組成員「自我實現」的需要

美國心理學家馬斯洛認為，人的需要是分層次的，最低層次的需要是「生理需要」（衣、食、住的基本需要），最高層次的需要是「自我實現需要」（實現自己的理想、人生價值）。其實，每個人在最基本的「生理需要」得到滿足之後，都會有「自我實現需要」，只不過有的人是顯現的、強烈的，有的人則是隱含、待挖掘的。QC 小組成員在有主管、專家、同事們參加的會上，發表自己活動所取得的成果，講述大家付出的努力和得到的收穫，並取得主管、專家和廣大職工的認可，這就給 QC 小組成員滿足「自我實現需要」提供了機會，尤其是對於許多長期在生產、服務、業務工作第一線工作的員工來說更是難得的。這必然會增強 QC 小組成員的榮譽感和自信心，並進一步激發他們「自我實現的需要」，這種激勵作用會給 QC 小組以後的活動增強動力。

3.現身說法，吸引更多員工參加 QC 小組活動

在成果發表會上，取得成果的 QC 小組成員在臺上講述自己的活動過程與取得的成果，廣大員工在台下聽他們的介紹，對於尚未開展 QC 小組活動的員工來說，就是一種「現身說法」。發表成果的小組用事實說明 QC 小組活動並不神秘，也不是很難，人家能做到的，我們也可以做到，從而拉近 QC 小組與廣大

員工之間的距離,有說服力地解除人們對 QC 小組活動的種種疑慮,吸引更多的員工參加到 QC 小組活動中來,進一步推動 QC 小組活動更廣泛、深入地開展。

4.提高 QC 小組成員科學總結成果的能力

QC 小組成員為了更好地在成果發表會上向主管、專家、同事們介紹自己的活動過程與取得的成果,全體成員就要認真地回顧活動的全過程,總結活動中的經驗與教訓,整理好成果報告。這對於 QC 小組成員來說,是一次在實踐中再學習和培養能力的過程。通過這種 QC 小組全員參與的整理成果報告的過程,必將提高 QC 小組成員科學總結活動成果的能力,也會逐步養成科學思考與行動的習慣。

5.使評選優秀 QC 小組和優秀成果具有廣泛的群眾基礎

通過各級的成果發表會,QC 小組活動取得的成果當眾發表,領導、專家、同事一起來瞭解和評價,再加上專家的正確講評,就可以增加評選優秀 QC 小組和優秀成果的透明度,使評選的優秀小組和優秀成果具有廣泛的群眾基礎,即得到與會者的共同認可。如果各級優秀 QC 小組都是通過逐級發表而評選出來的,就可以杜絕人為編造虛假成果混入優秀 QC 小組行列的不良現象。

第二節　如何推進成果發表會

　　QC 小組活動成果發表會意義重大，因此 QC 小組活動推進者都應認真做好活動成果發表會，以更好地發揮其作用。下面具體介紹一下組織好成果發表會應注意的問題。

1.只著重於發表形式

　　爲了更好地發揮成果發表的作用，作爲 QC 小組活動的推進者，在考慮選擇或倡導什麼形式發表成果的問題上，應該從實際出發，根據不同特點的課題和不同層次的發表會區別對待，不要搞一個模式，「一刀切」，更不要一味追求形式新穎、美觀、奇特，而花費很多經費和精力，得不償失。比如，在中小企業的廠級或大企業的分廠的成果發表會上，可以採用比較簡單的方式，如運用一張紙的成果提綱或實物對比，突出 QC 小組活動的特色和活動的重點內容進行介紹，可以由 QC 小組成員集體上臺一人發表一段或一至兩人介紹、多人模擬表演等靈活多樣的形式，以求實效。而對參加大企業或行業、地區的成果發表會，可提出一些統一要求，如印製較系統的成果報告材料，製作投影膠片、電腦軟碟或幻燈片，發表時間一般在 15 分鐘以內，並有 5～10 分鐘的提問答辯等，但具體發表形式也應根據 QC 小組的實際，刪繁取簡，靈活多樣。

2.積極引導對發表成果的提問

　　成果發表會的主持人應在一個 QC 小組發表完成果之後，積

極啓發引導聽眾對該成果提出問題。這些問題,可以是不清楚的問題,也可以是進一步深入探討的問題;可以是就提問人想學習的經驗進一步發問,也可以是就提問人看出來的問題發問,以確認發表成果的 QC 小組是否存在這方面問題,等等。發表人應就每一個提問簡要回答。這樣做,既可以活躍會場氣氛,讓發表人與聽眾互動起來,而且能起到相互交流、相互切磋、相互學習、共同提高的作用。

3.評委專家對成果進行講評

如果條件允許的話,可以在每個成果發表、答辯之後,由擔任評委的一位專家對該成果進行講評。講評中既要充分肯定該成果的優點、該小組活動的經驗,又要實事求是地指出成果中的不足和問題,並給出如何改進的建議。如果發表會上要發表的成果很多,而時間又很有限,不能對每個成果進行講評的話,可以考慮在全部成果發表答辯完畢後,由擔任評委的一位專家匯總全部成果中的主要優點,特別是值得大家學習的好的經驗、突出的特點,以及存在的主要問題,是具有普遍性的問題和不允許存在的錯誤,進行統一講評。通過專家講評成果,可以使每次成果發表會都成爲一次結合實際進行培訓的極好機會,使與會者都得到一次學習和提高。大量事實都證明了這一點。當然,這要求講評者要認真聽、記,還要徵求一下其他評委的意見,並能準確把握標準和要點,通過講評把 QC 小組活動引導到正確的方向。切忌評委只憑個人印象和偏好,缺乏根據地對小組成果指手畫腳,以致將小組活動引偏方向。

4.邀請主管領導參加成果發表會

在成果發表會之前，就要邀請與成果發表會同一層級的主管參加會議，在會議時間上與其協商一致，以保證他能按時參加發表會。

請主管參會，主要是聽取 QC 小組發表成果，並在全部成果發表完畢及評委進行講評之後，發表即席講話，爲發表成果的 QC 小組鼓勁，並號召與會者向他們學習，更加廣泛地開展 QC 小組活動。請領導者爲獲獎的優秀 QC 小組頒獎，並與獲獎或發表成果的 QC 小組代表合影留念，都可以對小組成員起到激勵的作用。

此外，在有條件的地區或行業，可以考慮按不同類型的課題分組進行成果發表，如「創新型」課題、「現場型」課題、「管理型」課題等，它們往往特點不同，取得效果的分量也不同，分組發表，有利於相互交流，相互切磋，也有利於相互比較，從同類型的課題中選出較優秀者，從而使各種類型課題的 QC 小組都能從表彰中受到激勵，看到進入優秀行列的希望，進而堅持不懈地活動下去。

總之，要組織好 QC 小組成果發表會，確實需要做很多細緻的具體工作。如發表會時間、地點的確定要合適，能使更多的員工和主管參加會議；要選聘一定數量具有較高理論水準和豐富實踐經驗、且有 QC 小組活動診斷師資格的人擔任評委；要佈置好會場，準備各小組發表成果時所需要的工具（投影儀、螢幕、幻燈機、擴音器等）；如果要評比名次，還要有統一的評分標準、準備評分表，聘請評分統計員，按照規定的統計原則核

定所得分數，等等。只要我們牢記成果發表的目的，不斷總結組織成果發表會的經驗教訓，並培養一批組織活動的骨幹力量，就會越辦越熟練，不斷提高組織成果發表的工作效率和水準。

第三節　品管圈小組如何上臺發表成果會

要推動 QC 小組成果發表會，使其更好地發揮作用，雖然會議的組織者，即 QC 小組活動的推進者是關鍵，但是發表成果的 QC 小組準備得怎樣，發表得如何，也直接影響著成果發表會的效果。

1.做好發表前的準備

爲了使發表取得好的效果，應認真研究選擇恰當的發表形式，這要根據不同場合、不同聽眾以及課題的特點而定。如在現場，可由一人發表，也可由多人發表；可以配合圖、表或實物發表，也可以用帶有模擬性的表演式發表。發表形式不要一個模式，可靈活多樣，生動活潑，不拘一格。但要注意不應嘩眾取寵，始終不要忘記發表成果的作用。在準備發表成果所需的圖片、實物或模型時，也要由小組成員共同分擔，不應都加在一個人身上要體現人人參與的精神。在正式發表之前，最好能在小組內進行一下「預演」，通過「預演」，讓大家對發表者的儀態、聲音、重點、連貫性、動作等方面發表意見，提出不足和需要改進之處，以群策群力提高成果發表水準。另外，主

要發表人必須是 QC 小組的骨幹成員。只有這樣，才能在發表成果時做到以講為主，在回答提問時應對自如，從而取得較好的交流效果。

2.處理好發表時的細節

QC 小組成果發表人在發表成果時應注意以下細節：

(1)上臺後作自我介紹，讓聽眾知道你是本 QC 小組的主要成員，而不是外請的「演員」。

(2)如同給聽眾講故事，自始至終都要語音宏亮，語言簡明，吐字清楚，語氣自信，語速有節奏，讓人聽起來你是在講自己做過的事，而不是在「背書」。

(3)儀態要自然大方，不要過於拘謹和緊張，即使發表中出現了錯、漏處也不要緊，道聲「對不起」，加以糾正和補充即可。

(4)在本企業或同行業以外發表成果時，要儘量避免使用專業性很強的技術用語，必須使用時應略作解釋，以使聽眾能明白。

3.簡要、恰當地回答提問

在成果發表完畢後的提問答疑時，態度要謙虛，對提問者要有禮貌，回答提問要簡潔明瞭；提問較多時要有耐心，沒聽清楚的提問，可請提問者再重覆一次；實屬技術保密問題，要婉言謝絕。發表人對提問答疑應抱著一種共同探討、互相學習、以求改進的態度來對待，不要視提問為「挑剌」而冷待。

4.發表用「道具」應簡單、實用

發表時所用的「道具」，應本著節約、實用的原則製作。如在企業內基層發表時，可用一塊黑板、一枝粉筆或一張綜合性

234

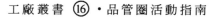
的圖表，或一件實物、幾張照片等最簡單的「道具」，配合發表人的講解；如在企業內高層，或企業外更高層次發表時，可根據需要製作投影膠片、幻燈片或電腦軟碟等。它們的製作應樸實、清晰、簡潔，應以有用的數據和圖表爲主，配以結構的層次標題與必要的文字說明。片子的數量要盡可能少，每張片子上的字、圖、表也要少，投影到螢幕上，應能讓觀眾看得清楚、一目了然。千萬不要不計成本地追求形式，或是搞成果報告全文「搬家」，每張片子上文字密密麻麻，片子又多，不僅浪費，而且效果也不好。另外，我們不主張用放錄影帶並配錄音的方式進行成果發表，爲的是體現真人發表的親切感和真實性，同時也爲了更好地交流。

第十四章

品管圈活動發表會案例

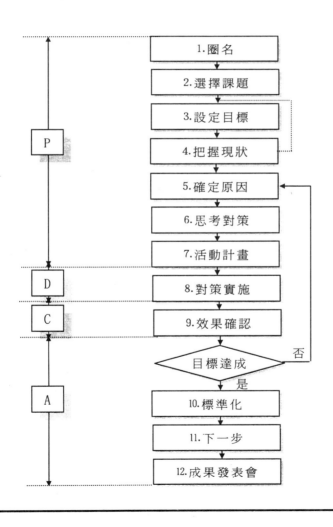

案例一： 降低生產不良率

QCC 圈名：挑戰號

成立時間：2003 年 5 月

1.主題：降低 D 系列產品端子跳槽不良率。

2.選題原因：D 系列產品端子跳槽不良占總不良的 90%以上，儘快降低不良率，爲下季度生產 A 系列更高難度的產品打下基礎。

3.挑戰團隊介紹及工作職責。

(1)輔導員：G（生產主管）。

工作職責：負責領導、支持和協助團隊的活動開展，爲活動的開展提供指導意見和資源安排。

(2)圈長：A1（生產技術工程師）。

工作職責：負責協調、分配和監督各圈員的工作，對對策實施的有效性進行跟蹤驗證．

(3)圈員：V、B、N、W、J、K、D。

工作職責：負責相關數據的收集、整理與記錄；負責制定並實施改善措施。

4.活動計畫及實際進度表。

表 14-1

時間 項目	5月 下	5月 下	6月 初	7月 初	7月 中	7月 下	8月 初	8月 中	8月 下	實際完 成時間
1 現狀調查	→									5月24日
2 設定目標		→								5月29日
3 數據收 集整理			→							6月9日
4 原因分析				→						7月10日
5 對策制定 和審批					→					7月16日
6 對策實施 及檢討						→				7月27日
7 成果確認							→			8月8日
8 標準化								→		8月16日
9 成果資料 整理									→	8月27日

→表示計畫完成時間

5.現狀調查。

端子跳槽不良率：

(1)DX 產品：平均 8.87%（批次：1473236）。

表 14-2

型號	數量	不良數	不良率（%）
DX1	3000	155	5.17
DX2	9000	74	8.22
DX3	2010	180	8.96
DX4	2400	149	6.21
DX5	2795	219	7.84
DX6	2010	182	9.05
DX7	1080	91	8.43
DX8	450	71	15.78
DX9	510	52	10.20
平均不良率			8.87

(2)DY 產品：7.14%（批次：1473258）

表 14-3

型號	數量	不良數	不良率（%）
DY1	2860	160	5.59
DY2	900	74	8.22
DY3	2400	160	6.67
DY4	2300	149	6.48
DY5	2795	167	5.97
DY6	2210	172	7.78
DY7	2130	156	7.32
DY8	1080	64	5.93
DY9	4505	71	2.67
DY10	960	42	4.38
DY11	480	36	7.50
平均不良率			7.14

6.確定目標。

目標：端子跳槽不良率降至 2.5%（目標確定根據：在物料及生產制程均穩定的條件下所得出的一個試驗平均數據）。

7.原因分析。

(1)端子跳槽的技術分析

通過現場裝配圖可以看出端子跳槽受以下因素影響：

①端子角度不穩定（要求角度最好小於 90 度）。

②邊角槽位批鋒。

③連接折彎尺寸與邊角尺寸配合不當。

(2)端子跳槽不良原因分析。

圖 14-1

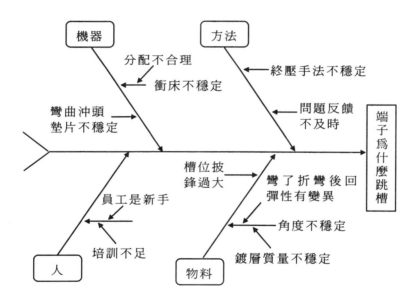

(3)不良原因對策擬定。

表 14-4

原因	對策	負責人	實施日期
彎曲沖頭墊片不穩定	製作專用厚墊片	V	7 月 2 日
錫屑產生的影響	電鍍工序改善鍍層質量並加強保養	B	7 月 10 日
衝床不夠穩定	A.衝床調試培訓； B.對衝床進行合理分配	N	7 月 12 日
端子材料自身的回彈性有變異	A.增加制程角度控制表； B.根據不同的材料採用不同的 R 角和回彈角的沖頭	N	6 月 7 日
終壓手勢不正確	培訓作業員	J	7 月 9 日
槽位披鋒過大	反饋給注塑部門相關工序	K	7 月 8 日
檢驗標準不統一	溝通協調達成一致意見	D	7 月 12 日

⑷端子跳槽主要不良原因分析（魚骨圖）。

圖 14-2

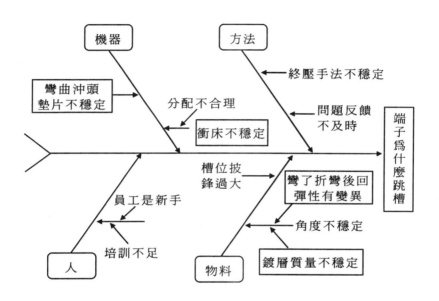

主要原因：

①彎曲沖頭墊片不穩定。

②錫屑產生的影響。

③衝床不夠穩定。

④端子材料自身的回彈性有變異。

⑸主要原因的改良對策。

表 14-5

原因	對策	負責人	實施日期
彎曲沖頭墊片不穩定	製作專用厚墊片並按 0.02 分級 （0.50、0.52、0.54、0.56、0.58）	V	2 月 7 日
錫屑產生的影響	A.電鍍工序改善鍍層質量,更改電鍍規範 B.R 加強保養	B	10 月 7 日
衝床不夠穩定	A.衝床調試培訓,關鍵是如何保證合適的衝床高度,什麼時候可以以調整衝床高度,如何判斷衝床高度已調整合適 B.對衝床進行合理分配,穩定性高的衝床用來衝壓要求更高的 R 角	N	12 月 7 日
端子材料自身的回彈性有變異	A.增加制程角度控制表;變被動爲主動,也利於減輕生產管理難度 B.根據不同的材料採用不同的 R 角和回彈角的沖頭（共有 4 種沖頭）	N	6 月 7 日

8.成果確認。

(1)成果確認一。

①端子跳槽改善前後不良率狀況。

表 14-6

時間	29W	30W	31W	32W	33W	34W	35W	達標情況
A 型號不良率(%)	7.14	4.69	6.50	4.31	3.12	2.12	1.75	已達目標
B 型號不良率(%)	8.87	7.69	6.00	5.31	4.12	2.12	10.00	未達目標

B 型號：未達到目標的原因分析與後續措施

A.原因。

‧產品設計結構不盡合理（壁太薄，受熱後易變形）。

‧回流焊後的披鋒變形嚴重限制了端子的角度不能明顯小於 90 度。而要使跳槽少端子角度必須小於 90 度，這是一對矛盾。

B.下一步的改善行動。

‧要求日本公司考慮結構的更改及進一步試驗新的產品材料。

‧將 R1 角與 R2 角分開切，以避免 R2 角的報廢（已實施，臨時措施）。

‧採用重製作技巧，以減輕端子彎曲的難度（正在試驗）。

- 對注塑技術嚴格控制，以改善產品的穩定性（正在進行）。
- 待產品穩定後再逐步試驗減少接觸角度，如：穩定在 89 度一 90 度可行，則很有希望達到目標。
- 對比不同客戶使用成果以爭取客戶，進行製造改善．

(2)成果確認二。

①有形成果。

已達目標的 A 型號產品（月訂單平均約 15K）

每月可節約：15000×（7.14%－1.7%）×8.5 元=6936（元）

每年可節約：6936×12=83232（元）

②無形成果。

- 提高了員工的操作技能及品質意識、成本意識。
- 提高了技術員的技能。
- 增強了團隊精神及各部門溝通能力，加快了資訊的傳遞。

圖 14-3

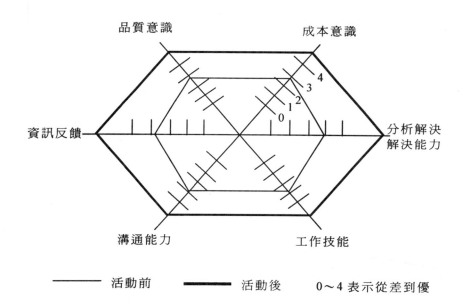

9.**標準化實施。**

(1)更改產品圖紙規範。

(2)修改作業指導書。

(3)校正檢驗標準。

(4)修訂備件圖。

(5)增加控制表。

案例二： 降低新產品不合格率

QCC 圈名：飛奔

成立時間：2003 年 4 月

1.組圈背景。

(1)公司引進一個新類型產品 WG531。

(2)制程不良率高達 35%。

(3)市場需求量大，時間急。

2.WG 系列 NW 產品介紹。

(1)NW 產品用於 IntelP4 電腦的 CPU 插座。

(2)此連接器屬於 WG 結構。

(3)此連接器包括的零件有：基腳、連接器、蓋腳、焊接球等。

3.飛奔團隊介紹。

(1)輔導員：H（生產主管）。

工作職責：負責領導、支持和協助團隊的活動開展，爲活動的開展提供指導意見和資源安排。

(2)圈長：M（工業工程師）。

工作職責：負責協調、分配和監督各圈員的工作，對對策實施的有效性進行跟蹤驗證。

(3)**圈員**：O、T、U、E、W、F、S、Y。

工作職責：負責相關數據的收集、整理與記錄；負責制定並實施改善措施。

4.活動計畫及實際進度。

表 14-7

時間 項目	4 月 上	4 月 中	4 月 下	5 月 上	5 月 中	5 月 下	6 月 中	6 月 下	7 月 初	實際完 成時間
1 設定活動目標	→									4 月 5 日
2 現狀調查		→								4 月 19 日
3 數據收集 整理			→							4 月 29 日
4 原因分析				→						5 月 10 日
5 對策制定 和審批					→					5 月 22 日
6 對策實施 及檢討						→				5 月 29 日
7 成果確認							→			6 月 18 日
8 標準化								→		6 月 28 日
9 成果資料整理									→	7 月 7 日

→表示計畫完成時間

5.**確定主題和目標。**

表 14-8

工位 日期	插針段通過率			成品組裝段通過率		
	制程 （%）	中間測試 （%）	半成品檢驗 （%）	回流 （%）	測試 （%）	終檢 （%）
4 月 16 日	98.2	99.6	99.4	94.0	61.4	99.3
4 月 17 日	97.8	99.4	99.6	96.0	5 9.0	99.6
4 月 18 日	98.5	99.7	99.3	93.2	79.5	99.5
4 月 19 日	97.8	99.8	99.2	94.0	64.1	99.3
4 月 20 日	98.1	99.2	99.3	95.3	64.4	99.5
4 月 21 日	98.3	99.6	99.7	96.0	68.9	99.7
4 月 23 日	98.3	99.5	99.8	96.1	64.8	99.6
平均	98.1	99.5	99.5	94.4	68.5	99.5

　　經過對上表統計分析：確定主題；提高 NW 成品測試通過率。活動目標：提高 NW 成品測試通過率至 95%。

6.不良原因分析。

①影響因素及驗證計畫。

表 14-9

參數	人員	熔劑量	室溫	熔劑型號	氧氣濃度	峰值溫度
參數一	人員甲	一個來回	26℃	美國	1000	215℃
參數二	人員乙	兩個來回	22℃	日本	500	200℃

圖 14-4

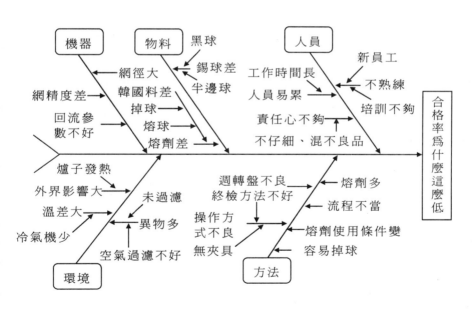

②試驗結果。

表 14-10

試驗	刷熔劑 次數	熔劑種類	室溫 (℃)	氧氣 PPM	爐溫	結果 合格數	不良數	通過率 (%)	差異
A	2	新 UP-78	23	500	206	62	49	55.9	1.5
	2	新 UP-78	23	1000	210	56	47	54.4	
B	2	新 UP-78	23	500	206.6	77	29	72.6	-3.3
	1	新 UP-78	23	500	206.6	79	35	76.0	
C	2	新 UP-78	23	1000	205	84	21	80.0	14.3
	2	舊 529D	23	1000	205	99	6	94.3	
D	1	新 UP-78	22	1000	206	133	13	91.1	8.7
	1	新 UP-78	26	1000	206	89	19	82.4	
E	1	新 UP-78	22	500	205	110	20	84.6	-1.3
	1	新 UP-78	22	1000	205	116	19	85.9	
F	1	新 UP-78	22	1000	200	92	15	86.0	1.2
	1	新 UP-78	22	1000	215	123	22	84.8	

7.結果分析（柏拉圖分析）。

表 14-11

因素項目	影響度（%）	累計影響度（%）
不同熔劑	47.3	47
室溫	28.6	76
爐溫	11	87
網孔直徑	4.2	91
氧氣 PPM	3.8	95
其他	5.04	100

圖 14-5

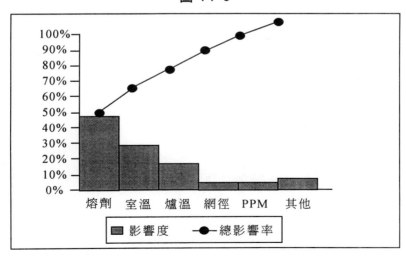

8.對策擬定及審批。

表 14-12

現狀	改善對策
用韓國產的熔劑	用顆粒細、黏性好的北京產熔劑
憑感覺決定塗熔劑次數（1/2/3 次）	控制室溫，確定塗熔劑次數為一次
回流峰值濕度 210℃，氧 PPM500	回流峰值濕度 200℃，氧 PPM800
塗熔劑採用 0.25 毫米的大孔徑鋼網	採用 0.20 毫米的鋼網，減少熔劑量

(1)改善對策一。

改用日本產熔劑，顆粒更細，黏性更強，活性更好。

(2)改善對策二。

①要求公司降低廠房溫度。

②塗熔劑次數定為一次熔劑量均勻了，徑向偏差問題得到改善。

(3)改善對策三。

溫度曲線合理了，通過率得到提高。

(4)改善對策四。

塗熔劑的網徑從 0.25 毫米改到 0.20 毫米，網徑改小了，熔劑量得到了控制，熔錫球得到改善。

9.改善效果確認。

5 月 21-31 日時間內的產量、不良數和通過率,如表 14-13:

表 14-13

日期 項目	5月 21日	5月 22日	5月 23日	5月 24日	5月 25日	5月 27日	5月 28日	5月 29日	5月 30日	5月 31日	合計
產量	11606	7864	7259	10143	9688	6369	9810	8614	11391	15955	98069
不良數	605	610	450	696	663	751	1102	897	1078	1469	8321
通過率 (%)	9 5.0	92.8	94.2	93.6	93.6	89.5	89.3	90.6	91.4	91.6	92.2

10.不良原因再次確認。

(1)確定主要原因。

①新員工增加。

②插端子手勢不對。

③熔劑對位不準。

④置球板髒。

⑤端子來料不穩定。

⑥人為接觸錫球。

⑦空氣中異物多。

圖 14-6

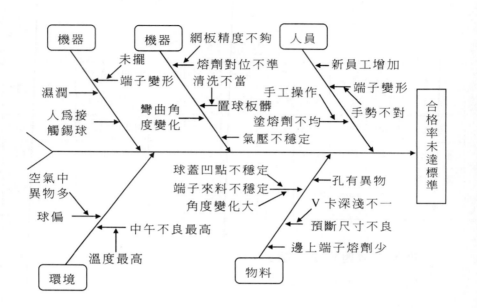

(2)**對策擬定及實施。**

表 14-14

原因分析	改善措施	負責人	完成日期	對策實施及效果
1.新員工增加	①對新員工重點培訓 ②對新員工生產的產品標誌、隔離、再確認 ③做好培訓記錄,瞭解員工操作熟練度	O	5月20日	①編制員工培訓指引,讓員工對產品要求詳細瞭解 ②對一週內新員工的產品隔離,加強檢驗、效果較好
2.插端子手勢不對	對插端子動作進行標準化規定	T	5月22日	請老員工介紹經驗,並形成文件,作爲標準,改善明顯
3.熔劑對位不準	每0.5小時校對一次	U	5月23日	編制校對表格,及時發現問題
4.置球板髒	用超聲波清洗,編寫清洗指引	E	5月28日	有改善,並形成標準
5.端子來料不穩定	統計數據、收集樣品、反饋給供應商	T	5月28日	發通知給衝壓部,改善快
6.人爲接觸錫球	①設計專用夾具 ②終檢由單個檢查改爲全檢	E	5月28日	以作業指導文件進行規定,並立即執行,效果明顯
7.空氣中異物多	①物料進車間前先除塵 ②卡板不進車間 ③空紙箱需到外面拆 ④鞋櫃定期清洗 ⑤地毯定期清洗 ⑥對外來人員進出登記	U	5月28日	①召集物料員通報,對工作細節落實 ②通知清潔公司,每週二清潔兩次 ③控制外來人員,有一定效果

(3)**效果確認。**

對從第 24 週至 35 週的合格數量、不合格數量和通過率進

行統計：

表 14-15

時間	24w	25w	26w	27w	28w	29w	30w	31w	合計
合格數	95684	105651	91206	105798	119854	141572	221533	215493	1324159
不合格數	3709	4267	6039	2315	2477	3693	6423	7860	43982
通過率（%）	96.3	96.1	93.8	97.9	9 8.0	97.5	97.2	96.5	96.8

11.**成果確認。**

(1)**有形成果。**

①實際節約成本。

從改善到現在（5—9 月）

共生產成品數量：2218120PCS

節約數量：90832PCS＝2218120×（96.8% － 69.5%）

×0.5×30%返修失敗率

節約金額：96.62 萬（RMB）

②預計節約成本。

未來產量預測：960K/月

每月節約：83.63 萬（RMB）

未來半年節約：501.768 萬（RMB）

(2)無形成果。

我們如期交貨：成為大客戶 MT 指定供應商；並為將來的進一步合作奠定了基礎，取得了客戶信任；表明了我們公司接受及運用新技術的能力；為我們公司將來的更大發展拓寬了空間。

圖 14-7

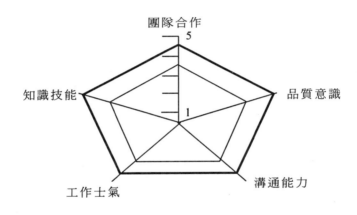

12.**標準化。**

(1)通知定點採購日本生產的熔劑。

(2)制定標準的回流溫度曲線。

(3)編制產品資料，培訓新進 NW 生產工序員工。

(4)總結編寫插端子經驗書，培訓員工。

(5)編寫夾具清洗指引。

(6)規範熔劑保存條件。

(7)減少空氣中異物辦法。

案例三： 降低模具設備配件庫存金額

QOC 圈名：藍天

成立時間：2003 年 1 月

1.藍天圈簡介。

輔導員：Aw、CX

圈長：G

圈員：V、M、B、O

2.確定主題。

活動主題：降低每套模具配件的平均庫存金額‧

3.現狀調查與數據收集。

對 10—12 月份衝壓部、注塑部、製造工程部三個部門的模具庫存金額和平均值進行統計，統計數據如下（見表 14—16）：

表 14-16

月份	部門	庫存金額（元）	模具數量	平均值
10 月	衝壓部	18231729	124	147030
	注塑部	13586492	498	27282
	製造工程部	2488098	184	13522
11 月	衝壓部	18322960	130	140946
	注塑部	13952151	512	27250
	製造工程部	2411203	187	12894
12 月	衝壓部	18193400	136	133775
	注塑部	14349447	526	27280
	製造工程部	2443222	187	13065
累計平均值	衝壓部	140583		
	注塑部	27271		
	製造工程部	13160		

4.確定目標。

活動前與活動後平均值對比（見表 14-17）。

表 14-17

部門	活動前平均值	活動後平均值	目標（%）
注塑部	27271	25907	降低 5
衝壓部	140583	126525	降低 10

活動目標：

①衝壓部平均每套模具的備件庫存金額降低工 0%。

②注塑部平均每套模具的備件庫存金額降低 5%。

5.活動計畫及實際進度表（見表 14-18）。

表 14-18

項目 \ 時間		1 月上	1 月上	1 月中	1 月下	2 月上	2 月中	2 月下	3 月中	3 月下	實際完成時間
1	設定活動目標										1 月 5 日
2	現狀調查										1 月 9 日
3	數據收集整理										1 月 16 日
4	原因分析										1 月 22 日
5	對策制定和審批										2 月 6 日
6	對策實施及檢討										2 月 12 日
7	成果確認										2 月 26 日
8	標準化										3 月 16 日
9	成果資料整理										3 月 25 日

→表示計畫完成時間

6.要因分析。

為什麼平均每套模具的庫存高？原因分析如下（見圖 14-8）：

圖 14-8

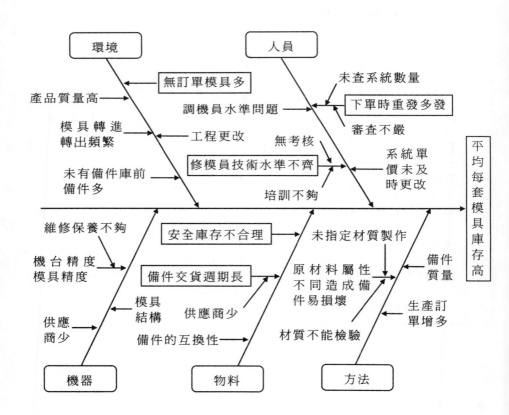

□ 的內容為主要原因

確定主要原因。

對庫存金額最大的前 30 套模（總金額 1160 萬，其中約 400 萬為不合理的庫存）進行分析得出如下結果：

表 14-19

序號	問題點	佔用金額（萬）	比例（%）	累計（%）
1	安全庫存設置不合理	116	29	29
2	無訂單模具多	80	20	49
3	下單重發、多發	72	18	67
4	修模技術人員水準參差不齊	56	14	81
5	備件交貨週期長、供應商少	44	11	92
6	其他	32	8	100

7.對策擬定和審批（見表 14—20）。

表 14-20

要因分析	改善措施	責任人	完成日期	對策擬定
下單重發、多發	檢查/完善模具備件審批和控制系統；使用者申請備件前先檢查模具備件系統	V	2月1513	制定模具備件申請和審批流程
安全庫存設置不合理	根據備件易損程度、加工精度和加工難易程度，重新設置安全庫存量	M	3月20日	每月重新更新一次安全庫存量；超過 6 個月不用的安全庫存量設爲 0
備件交貨週期長，供應商少	要求採購部多開發供應商	B	3月16日	每個類型備件要求採購部至少提供 3 個供應商
無訂單模具多	檢查備件安全庫存，盡可能不做庫存；控制轉模備件數量	B	3月12日	制定備件申請和審批程序；生產工程師控制轉模備件數量
修模技術員水準不齊	增加培訓；提高新進廠技術員的技術要求	0	3月28日	制定培訓計畫；制定技術員的管理制度

製表：0　　　　　　　審核：B　　　　　　　批准：AW

8.改善結果。

活動前、活動中及活動後庫存對比表（見表 14—21）：

表 14-21

部門	活動時間	庫存金額（元）	模具數量	平均值	降低（％）
注塑部	活動前	41888090	1536	27271	
	活動中	28511174	1092	26109	4.49
	活動後	14409337	562	25639	5.26
	目標			25907	5
衝壓部	活動前	54748089	390	140583	
	活動中	35200671	291	120965	13.95
	活動後	16800717	155	108392	22.9
	目標			126525	10

從表 14—21 看出，注塑部活動後的目標為 5.26％，衝壓部活動後目標為 22.9％，均超過了預期目標。

9.成果確認。

(1)有形成果。

①衝壓部。

活動前：庫存金額 140583 元/套。

活動後：庫存金額 109392 元/套。

活動成果：

平均每套模具備件金額降低 22.9%；平均每套模具備件金額降低 32191 元。

②注塑部。

活動前：庫存金額 27271 元/套。

活動後：庫存金額 25639 元/套。

活動成果：

平均每套模具備件金額降低 5.26%；平均每套模具備件金額降低 732 元。

(2)無形成果。

①加強和完善了備件申請外發流程，使備件外發能得到有效的控制。

②提高生產調機員和模具技術員的技術水準，從而減少了修模次數和備件的意外損耗。

③增強了技術人員和備件管理人員的溝通。具體無形成果（見圖 14-9）：

圖 14-9

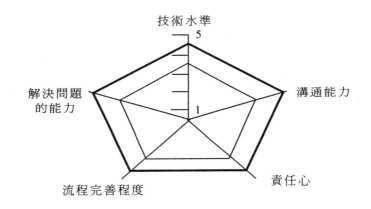

技術水準
溝通能力
責任心
流程完善程度
解決問題
的能力

—— 活動前   —— 活動後   1～5 表從差至優

10.**標準化。**

將根據要因所採取的有效對策進行標準化（見表 14-22）：

表 14-22

要因分析	改善措施	對策擬定	標準化
下單重發、多發	檢查/完善模具備件審批和控制系統；使用者申請備件前先檢查模具備件系統	制定模具備件申請和審批流程	將對策編入部門的管理手冊
安全庫存設置不合理	根據備件易損程度、加工精度和加工難易程度，重新設置安全庫存量	每月重新更新一次安全庫存量；超過 6 個月不用的安全庫存量設爲。	將對策編入部門的管理手冊
備件交貨週期長，供應商少	要求採購部多開發供應商	每個類型備件要求採購部至少提供 3 個供應商	將對策編入部門的管理手冊
無訂單模具多	檢查備件安全庫存，盡可能不做庫存；控制轉模備件數量	制定備件申請和審批程序；生產工程師控制轉模備件數量編制成公司轉模的規定	
修模技術員水準不齊	增加培訓；提高新進廠技術員的技術要求	制定培訓計畫；制定技術員的管理制度	將對策編入部門的管理手冊

案例四： 改進注塑問題，控制不良率

QOC 圈名：太陽風號

成立時間：2003 年 6 月

1.圈隊介紹及分工。

(1)輔導員：WJ。

工作職責：負責領導、支持和協助團隊的活動開展，為活動的開展提供指導意見和資源安排。

(2)圈長：WCP。

工作職責：負責協調、分配和監督各圈員的工作，對對策實施的有效性進行跟蹤驗證。

(3)圈員：C、L、G、F、Y。

工作職責：負責相關數據的收集、整理與記錄；負責制定並實施改善措施。

2.組圈背景和產品技術流程簡介。

(1)目的：對電腦連接線注塑中存在問題進行改進，控制不良率，節約公司成本。

(2)生產技術流程簡介。

灌膠→焊錫→內模注塑→外模注塑→導通測試→終檢包裝

3.活動主題和目標。

(1)活動主題：改進注塑問題，控制不良率。

(2)**目標：**將注塑不良率降低至 0.78%。

4.活動計畫及實際進度表（見表 14-23）。

表 14-23

項目 \ 時間	6月初	6月中	6月下	7月初	7月中	7月下	8月初	8月中	8月下	實際完成時間
1 組圈	→									6 月 7 日
2 設定主題及目標	→									6 月 9 日
3 現狀調查		→								6 月 16 日
4 數據收集整理			→							6 月 25 日
5 原因分析				→						7 月 3 日
6 對策制定和審批					→					7 月 18 日
7 對策實施及檢討						→				7 月 30 日
8 成果確認							→			8 月 5 日
9 標準化								→		8 月 17 日
10 成果資料整理									→	8 月 29 日

→表示計畫完成時間

5.現狀調查。

(1)對從 6 月 13—19 日的電腦連接線注塑問題進行統計,統計數據和柏拉圖（見表 14-24）:

表 14-24

不良項目	不良數	不良率(%)	累計不良率(%)	影響度(%)	累計影響度(%)
導通不良	202	4.45	4.45	42	42
外模異特缺膠	118	1.88	6.33	25	67
沖膠	56	0.89	7.22	12	79
外模縫隙	32	0.51	8.2 5.	6	92
連接頭偏斜	32	0.51	8.25	6	92
其他	23	0.38	8.63	5	97
外模損傷刮花	11	0.18	8.81	2	99
連接頭高低針	6	0.1	8.91	1	100
合計	481	8.91		100	

總檢查數：6266pcs

圖 14-10

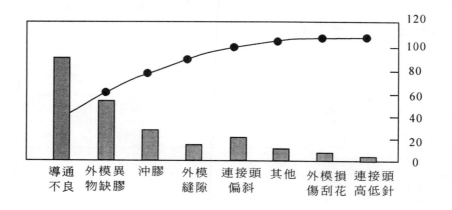

　　圖上顯示了應確定主要控制對象：A.導通不良；B.外模異
物缺膠；C.沖膠

　　(2)確定主要問題。

　　根據對收集的數據在圈會上認真分析、討論，找出以下影
響電腦連接線注塑的主要問題：

　　①導通不良。

　　②外模異物缺膠。

　　③沖膠。

　　(3)現狀和目標對比。

圖 14-11

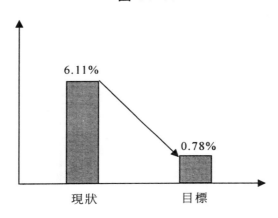

6.原因分析及改善對策。

(1)對注塑存在問題進行分析,並採取相應對策,如下頁(見表 14—25):

表 14—25

主要問題	原因分析	改善對策	責任人	完成時間	現狀
導通不良	灌膠處封口不緊	加強員工培訓,嚴格按作業文件操作	C	7 月 26 日	3.34%
	環焊時未焊緊,時間過長	加強員工培訓,嚴格按作業文件操作	Y	7 月 26 日	
	半成品堆積太多,銅箔處要報警	加強與計畫員的溝通,減少堆積品	L	7 月 30 日	
	連接頭來料不良——高壓	反饋給供應商,改善來料	C	7 月 20 日	

續表

導通不良	注塑機壓力過大，溫度過高，將芯線衝開或沖短路	根據注塑機性能不同，適當調整參數	Y	7月20日	
	排線夾具缺齒，終壓後易高壓短路	改善模具	C	8月13日	
外模異物缺膠	模具不乾淨	定期清洗（次/小時）	C	立即	1.88%
	注塑料不乾淨	換料時清洗料桶，對不同物料標誌隔離	C	7月22日	
	銅箔處包不緊	加強員工培訓，嚴格按作業文件操作	G	7月26日	
	環焊後有錫渣	加強員工培訓，嚴格按作業文件操作	F	7月26日	
	注塑機參數調整不當	根據注塑機性能不同，適當調整參數	Y	7月22日	
沖膠	壓力大，溫度高	根據實際情況調整溫度及壓力	C	7月22日	0.90%
	進料口堵塞	換料時清洗料桶，對不同物料標誌隔離	G	7月28日	
	線與線槽配合不當	改善線槽	Y	7月22日	
	灌膠處封口不緊	加強員工培訓，嚴格按作業文件操作	Y	7月26	
合計					6.11%

(2)注塑存在問題培訓跟蹤表（見表 14—26）。

表 14—26

問題	生產工序	培訓內容	培訓效果	培訓教師	培訓對象
灌膠處封口不緊	灌膠	①灌膠手勢正確，注意安全，不要燙傷手。 ②灌膠時注意膠槍口不要碰到產品，以免燙壞產品。 ③膠料要均勻地分佈在封口處，灌完後可用手指將膠料壓緊，並嚴格自檢。	內模注塑處導通問題品明顯減少	Y	相關工序員工
環焊時焊未焊緊，時間長環焊後有錫渣	焊錫	①焊錫前的上錫工序要將錫均勻地上到連接頭上。 ②焊錫溫度要按作業文件操作，控制在 31℃-35℃。 ③焊錫前加強自檢及互檢，焊錫前要看銅箔是否已包緊，焊後是否有錫渣。 ④環焊時操作動作要快，烙鐵嘴不要在產品上停留，以免燙傷產品。	焊錫質量大幅提高，已杜絕錫渣現象	Y	相關工序員工
銅箔處包不緊	包銅箔	①銅箔的邊緣一定要覆蓋上錫處，但要避免注塑後露出。 ②包銅箔時要依據產品外形包，並用牙刷將表面刮平，使其緊貼在產品上，注意不要刮破。	沒有發生焊不上錫現象；沒有銅箔被撕壞的情況	C	相關工序員工
注塑機參數調整不當	注塑	①嚴格按注塑機參數調整表要求調整參數。 ②任何參數超差或需將參數調整，應取得技術員支持和協助。 ③注塑員工一定要經特殊培訓方可上崗。	注塑問題品大量減少	C	相關工序員工

(3)注塑問題改善對策相關規定和表格。

①注塑工序不良統計表（見表 14-27）。

表 14-27

產品名稱					批號			
生產日期	生產總數	不良總數	不良率	操作員	組長	檢驗員	改善措施
備註：此錶針對重點工序的不良品進行統計，4—6 小時統計一次，發現問題時，組長要及時報告給上級。								

②注塑機主要參數設定（見表 14-28）。表 14-28 做電腦連接線注塑機主要參數設定

表 14-28

參數 機台	一次壓力 單位（帕）	二次壓力 單位（帕）	膠料溫度 （單位：攝氏度）			總壓	射出 時間 保壓 時間	冷卻 時間
			上節	中節	下節			
1 號機	343	147	130		135	70	8 秒	7 秒
4 號機	588	147	162	164	168	90	10 分 15 秒	
11 號機	441	157	158	160	163	80	8 秒	9 秒
15 號機	294	98	120		125	80	10 秒	3 秒

註：此表放置在注塑模拆裝文件夾中，每次開機注塑時可按此表進行。

③注塑過程停機時間控制規定

目的：通過對停機時間的控制，減少物料報廢，提高產品質量，注塑工位元的員工要遵守以下規定：

停機時間在 10 分鐘內可不做預防措施。

停機時間超過 10 分鐘時可採取以下措施：

A. 安排熟手注塑員工暫時代替。

B. 注塑員工離崗時組長要親自跟進，如超過 5 分鐘組長要找員工替位。

C. 如沒人替位時，注塑員工離崗前可將注塑機的溫度降到 100 攝氏度。

D. 如沒人替位時，注塑員工回崗位後，注塑前要空注二模檢查合格後，方可進行下一生產。

(4)注塑端子開線移印四區檢查表（見表 14-29）。

表 14-29

檢查內容	員工姓名及得分						
燈管、水管、設備表面乾淨（1分）							
地面無雜物及物料邊角料（1分）							
上班時未戴離崗證離崗（1分）							
未按規定開班前班後會和交班（1分）							
當班時未做好保養記錄（1分）							
下班後未清掃公共區（1分）							
半成品、成品及不良品未標誌（2分）							
未及時清掃落地料（2分）							
上班打瞌睡（5分）							
因個人疏忽用錯混裝物料（5分）							
因操作手勢不對壓壞模具（5分）							
未做好自檢而造成批量質量事故（5分）							
兩人同時操作一台機器（5分）							
當日合計分數（35分）							

註：

(1)此表由組長對員工進行檢查；

(2)對於兩次違反前 7 條中一條者，組長可責令員工搞四區 5S。

(3)對於一次違反後 5 條中一條者，由責任人書寫改善報告，並按情
　節輕重情況給予經濟處罰。

7.成果確認。

(1)有形成果。

①目標達成。

圖 14-12

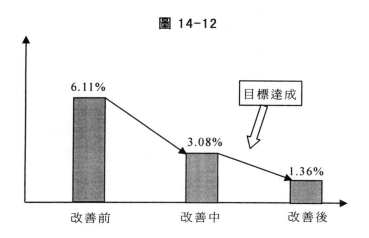

②每年降低廢品數量。

每天產量：500PCS。

改善前每年廢品數:改善前每天不良數(500×6. 11%)×320
天=9776（PCS）。

改善後每年廢品數:改善後每天不良數(500×0. 78%)×320
天=1248（PCS）。

每年降低廢品數量：9776 － 1248=8528（PCS）。

圖 14-13

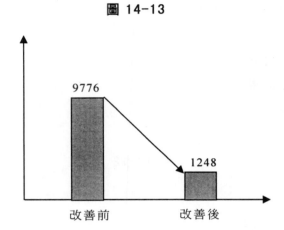

③每年節約成本。連接線主要報廢零件成本單價 V。改善前 每 年 報 廢 金 額　X1:9776×V。改善後每年報廢金額 X2:1248×V。每年節約成本：X1 － X2=79054.56（元）。

圖 14-14

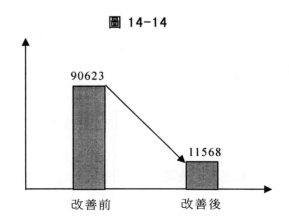

④節約返修人時。

連接線返修每 PCS 所需人時要 7.5 分鐘。

改善前每年返修使用人時：9776×7.5=73320÷60=1222(小時)。

改善後每年返修使用人時： 1248×7.5=9360÷60=156 (小時)。

每年節約返修人工費用：(1222-156) ×每小時人工費用=3080.92 (元)。

圖 14-15

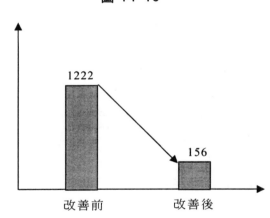

1222

156

改善前　　　　　改善後

⑵無形成果。

①通過 QCC 品管圈活動，增強了員工工作責任心，員工都有較高的信心把工作做好，QCC 品管圈會上討論的措施能運用到工作中，並取得明顯效果。

②QCC 活動的開展，加強各圈員溝通與協作，我們工作中

的每一件事都能在大家齊心努力下愉快完成。

③通過 QCC 活動的開展能真正提高員工的品質意識，增強了員工對產品的品質和成本的認識和瞭解。

④能熟悉 QCC 的手法，並能恰當運用到我們的工作中，用數據說話，善於分析問題，解決工作疑難。

圖 14-16

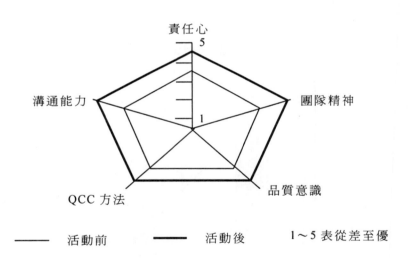

8.標準化實施。

(1)根據每台注塑機性能不同，設定注塑機具體參數，見《注塑機參數設定表》。

(2)注塑過程中停機時間的控制，見《注塑機停機時間的控制規定》。根據缺陷產生原因與相關工位實際操作培訓，見《培

訓跟蹤記錄表》責任到人。

(3)焊錫及注塑操作手勢的標準化。工序間的間距安排標準化。產品在各工序間傳遞做到標誌正確，有可追溯性。

案例五：提高外協工廠汽缸驗收合格率

QCC 圈名：飛車黨

成立時間：2003 年 1 月

1.圈隊介紹及分工。

(1)輔導員：Q、P。

工作職責：負責領導、支持和協助團隊的活動開展，爲活動的開展提供指導意見和資源安排。

(2)圈長：HOU。

工作職責：負責協調、分配和監督各圈員的工作，對對策實施的有效性進行跟蹤驗證。

(3)圈員：M、B、C、D、A、H、J。

工作職責：負責相關數據的收集、整理與記錄；負責制定並實施改善措施。

2.選題和目標。

(1)選題理由。

①外協汽缸鑄造質量的好壞，將直接影響產品的整體質量和交貨期。

②產量的不斷增加，使得汽缸的驗收數量也在大幅增加！

③驗收程序的不規範，驗收項目的不統一、檢查標準的不一致，嚴重影響了鑄件汽缸的一次驗收合格率。

(2)目標。

活動目標:在 2003 年度內外協汽缸的一次驗收合格率達到 92%(這裏指不發生較大的質量問題。2002 年一次驗收合格率為 85，12%)。

3.現狀調查。

針對 2002 年驗收的 20 套汽缸在驗收過程中出現的質量問題進行排列分析，尋戌主要原因。對不良原因項目進行統計，統計情況(見表 14—30、圖 14—17):

表 14-30

序號	不良項目	不良數	不良率（%）	累計數	累計不良百分比（%）
1	粗加工尺寸不準確	20	50	20	50
2	外表面高低不平	9	22.5	29	72.5
3	非加工表面尺寸不準確	5	12.5	34	85
4	焊補不到位	2	5	36	90
5	其他	4	1.	40	100

圖 14-17

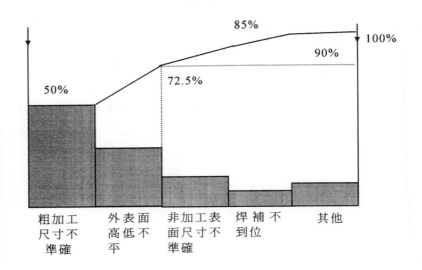

從上述柏拉圖看出，經過 QCC 全體圈員的討論，在修改外協件驗收程序以外，驗收項目「粗加工尺寸不準確」、「外表面高低不平」是造成驗收一次合格率低的主要原因。

4.原因分析。

⑴利用因果圖分析原因（見圖 14-18）。

圖 14-18

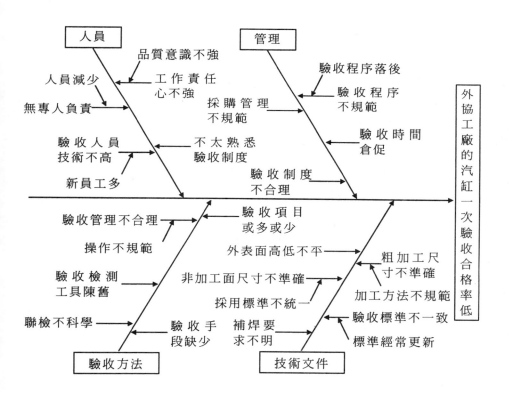

(2)確定主要原因（見表 14-31）。

表 14-31

序號	原因	確認方法	目標	負責人	完成日期	是否主要原因
1	驗收人員技術不高	現場調查	達到一定水準	C	1 月	是
2	驗收標準不夠瞭解	現場調查	掌握標準	M	1 月	否
3	驗收程序不規範	現場調查	完善驗收規範	D	1 月	是
4	工作責任心不強	現場調查	加強品質意識培訓	M	1 月	否
5	驗收時間倉促	現場調查	合理計畫	A	1 月	否
6	驗收管理不合理	現場調查	規範工作程序	B	1 月	是
7	粗加工尺寸不準確	現場調查	加強資訊傳遞	H	2 月	是
8	外表面高低不平	現場調查	加強外表檢查	J	2 月	是
9	驗收標準不一致	現場調查	統一標準	H	1 月	否
10	聯檢不科學	現場調查	改變驗收方法	A	1 月	否

經過全體圈組成員討論確定，主要原因有以下幾方面：

①驗收程序不規範。

②驗收人員技術高低。

③外表面高低不平。

④粗加工尺寸不準確。

⑤驗收管理不合理。

5.對策擬定及實施。

(1)針對主要原因制定下列對策（見表 14-32）。

表 14-32

序號	原因	現狀	目標	對策	負責人	完成日期
1	驗收人員技術高低	驗收人員技術不一	提高人員素質	培訓	M	6 月
2	驗收程序不規範	原有程序不利於實物的驗收	完善文件	修改原來的程序文件	D	4 月
3	驗收管理不合理	無專門的外協檢驗組	成立外檢組	驗收人員相對固定	M	5 月
4	粗加工尺寸不準確	加工餘量有多有少	減少錯誤	加快資訊傳遞	A	6 月
5	外表面高低不平	外觀不平整	提高外觀質量	加強檢查力度	B	6 月

(2)**對策實施。**

①培訓。

針對人員素質問題，編寫了汽缸驗收的培訓教材，對經常外出驗收的 20 多人進行了 4 次的專業培訓。

②程序文件的修改。

對原有程序文件進行一次大幅度的修改，明確規定，只有在供應商自檢合格的基礎上，才能向公司報驗。

③成立外檢組。

專門成立外協檢驗組，負責組織和協調對公司所有外協件的驗收。

④粗加工尺寸的控制。

加強與供應商的聯繫和協調，明確要求預留加工餘量的正確性。

⑤外觀質量的控制。

驗收人員嚴格按照規定的要求進行實物外觀質量的驗收，發現問題，及時向供應商反饋。

6.效果確認。

對活動前和活動後的效果進行比較。

表 14-33

時間	驗收數量 （套）	一次驗收 合格率（%）	總驗收 天數	平均每套 驗收天數	平均每套 驗收週期
活動前	20.5	85	562	27.4	12.1
活動後	15	93	246	16,4	8.3

從上表的統計數據得出：

(1)驗收費用降低：平均每套驗收時間減少了 11 天，2003年上半年節約驗收費用 3.3 萬元（以每人每天 200 元計）。

(2)通過培訓，使得外出驗收人員一專多能，從而減少了人次，但驗收質量得到更好的保證。

(3)驗收質量和 2002 年相比，有了明顯的提高，從 2003 年已加工汽缸的情況看，未發生較大的質量問題。

7.防止再發生。

(1)通過培訓，人員素質有了提高，同時強調自身的學習和基本功的訓練。

(2)將驗收的程序和要求寫入《採購產品的驗證》的程序文件中，使其規範化和文件化，確保了外協件的驗收質量。

(3)外協檢驗組的成立，在驗收體制上得到了保證，同時加強了與供應商的溝通和聯繫，確保了對供應商在質量方面的控制。

8.下一步計畫與目標。

通過本次 QCC 品管圈的活動，實施了程序文件的修改、人員的培訓和外協組的成立，使得外協汽缸的驗收質量有了提高，但還有一些問題沒有解決，如非加工面的尺寸問題和焊補質量問題等，這是我們 QCC 小組下一步需要解決的問題。我們的**奮鬥目標**是：將外協工廠的汽缸一次驗收合格率，提高到95%，同時將這一驗收方式向中小零件上推廣。

圖書出版目錄

郵局劃撥號碼：18410591　　　郵局劃撥戶名：憲業企管顧問公司

—————經營顧問叢書—————

4	目標管理實務	320 元	27	速食連鎖大王麥當勞	360 元
5	行銷診斷與改善	360 元	30	決戰終端促銷管理實務	360 元
6	促銷高手	360 元	31	銷售通路管理實務	360 元
7	行銷高手	360 元	32	企業併購技巧	360 元
8	海爾的經營策略	320 元	33	新產品上市行銷案例	360 元
9	行銷顧問師精華輯	360 元	35	店員操作手冊	360 元
10	推銷技巧實務	360 元	37	如何解決銷售管道衝突	360 元
11	企業收款高手	360 元	38	售後服務與抱怨處理	360 元
12	營業經理行動手冊	360 元	40	培訓遊戲手冊	360 元
13	營業管理高手（上）	一套	41	速食店操作手冊	360 元
14	營業管理高手（下）	500 元	42	店長操作手冊	360 元
16	中國企業大勝敗	360 元	43	總經理行動手冊	360 元
18	聯想電腦風雲錄	360 元	44	連鎖店操作手冊	360 元
19	中國企業大競爭	360 元	45	業務如何經營轄區市場	360 元
21	搶灘中國	360 元	46	營業部門管理手冊	360 元
22	營業管理的疑難雜症	360 元	47	營業部門推銷技巧	390 元
23	高績效主管行動手冊	360 元	48	餐飲業操作手冊	390 元
24	店長的促銷技巧	360 元	49	細節才能決定成敗	360 元
25	王永慶的經營管理	360 元	50	經銷商手冊	360 元
26	松下幸之助經營技巧	360 元	52	堅持一定成功	360 元

54	店員販賣技巧	360 元	78	財務經理手冊	360 元
55	開店創業手冊	360 元	79	財務診斷技巧	360 元
56	對準目標	360 元	80	內部控制實務	360 元
57	客戶管理實務	360 元	81	行銷管理制度化	360 元
58	大客戶行銷戰略	360 元	82	財務管理制度化	360 元
59	業務部門培訓遊戲	380 元	83	人事管理制度化	360 元
60	寶潔品牌操作手冊	360 元	84	總務管理制度化	360 元
61	傳銷成功技巧	360 元	85	生產管理制度化	360 元
62	如何快速建立傳銷團隊	360 元	86	企劃管理制度化	360 元
63	如何開設網路商店	360 元	87	電話行銷倍增財富	360 元
64	企業培訓技巧	360 元	88	電話推銷培訓教材	360 元
65	企業培訓講師手冊	360 元	89	服飾店經營技巧	360 元
66	部門主管手冊	360 元	90	授權技巧	360 元
67	傳銷分享會	360 元	91	汽車販賣技巧大公開	360 元
68	部門主管培訓遊戲	360 元	92	督促員工注重細節	360 元
69	如何提高主管執行力	360 元	93	企業培訓遊戲大全	360 元
70	賣場管理	360 元	94	人事經理操作手冊	360 元
71	促銷管理（第四版）	360 元	95	如何架設連鎖總部	360 元
72	傳銷致富	360 元	96	商品如何舖貨	360 元
73	領導人才培訓遊戲	360 元	97	企業收款管理	360 元
74	如何編制部門年度預算	360 元	100	幹部決定執行力	360 元
75	團隊合作培訓遊戲	360 元	101	店長如何提升業績	360 元
76	如何打造企業贏利模式	360 元	102	新版連鎖店操作手冊	360 元
77	財務查帳技巧	360 元	103	新版店長操作手冊	360 元

104	如何成爲專業培訓師	360 元
105	培訓經理操作手冊	360 元
106	提升領導力培訓遊戲	360 元
107	業務員經營轄區市場	360 元
108	售後服務手冊	360 元
109	傳銷培訓課程	360 元
110	〈新版〉傳銷成功技巧	360 元
111	快速建立傳銷團隊	360 元
112	員工招聘技巧	360 元
113	員工績效考核技巧	360 元
114	職位分析與工作設計	360 元
115	如何辭退員工	900 元
116	新產品開發與銷售	400 元
117	如何成爲傳銷領袖	360 元
118	如何運作傳銷分享會	360 元
119	〈新版〉店員操作手冊	360 元
120	店員推銷技巧	360 元
121	小本開店術	360 元
122	熱愛工作	360 元
123	如何架設拍賣網站	360 元
124	客戶無法拒絕的成交技巧	360 元
125	部門經營計畫工作	

────── 《企業傳記叢書》 ──────

1	零售巨人沃爾瑪	360 元
2	大型企業失敗啓示錄	360 元
3	企業併購始祖洛克菲勒	360 元
4	透視戴爾經營技巧	360 元
5	亞馬遜網路書店傳奇	360 元
6	動物智慧的企業競爭啓示	320 元
7	CEO 拯救企業	360 元
8	世界首富　宜家王國	360 元
9	航空巨人波音傳奇	360 元
10	媒體併購大亨	

────── 《商店叢書》 ──────

1	速食店操作手冊	360 元
4	餐飲業操作手冊	390 元
5	店員販賣技巧	360 元
6	開店創業手冊	360 元
8	如何開設網路商店	360 元
9	店長如何提升業績	360 元
10	賣場管理	360 元
11	連鎖業物流中心實務	360 元
12	餐飲業標準化手冊	360 元
13	服飾店經營技巧	360 元
14	如何架設連鎖總部	360 元

15	〈新版〉連鎖店操作手冊	360 元
16	〈新版〉店長操作手冊	360 元
17	〈新版〉店員操作手冊	360 元
18	店員推銷技巧	360 元
19	小本開店術	360 元

------《工廠叢書》------

1	生產作業標準流程	380 元
2	生產主管操作手冊	380 元
3	目視管理操作技巧	380 元
4	物料管理操作實務	380 元
5	品質管理標準流程	380 元
6	企業管理標準化教材	380 元
7	如何推動 5S 管理	380 元
8	庫存管理實務	380 元
9	ISO 9000 管理實戰案例	380 元
10	生產管理制度化	360 元
11	ISO 認證必備手冊	380 元
12	生產設備管理	380 元
13	品管員操作手冊	380 元
14	生產現場主管實務	380 元
15	工廠設備維護手冊	380 元
16	品管圈活動指南	380 元
17	品管圈推動實務	

18	工廠流程管理	
19	生產現場改善技巧	

------《傳銷叢書》------

4	傳銷致富	360 元
5	傳銷培訓課程	360 元
6	〈新版〉傳銷成功技巧	360 元
7	快速建立傳銷團隊	360 元
8	如何成為傳銷領袖	360 元
9	如何運作傳銷分享會	360 元

------《培訓叢書》------

1	業務部門培訓遊戲	380 元
2	部門主管培訓遊戲	360 元
3	團隊合作培訓遊戲	360 元
4	領導人才培訓遊戲	360 元
5	企業培訓遊戲大全	360 元
6	如何成為專業培訓師	360 元
7	培訓經理操作手冊	360 元
8	提升領導力培訓遊戲	360 元

《財務管理叢書》

1	如何編制部門年度預算	360 元
2	財務查帳技巧	360 元
3	財務經理手冊	360 元
4	財務診斷技巧	360 元
5	內部控制實務	360 元
6	財務管理制度化	360 元

《企業制度叢書》

1	行銷管理制度化	360 元
2	財務管理制度化	360 元
3	人事管理制度化	360 元
4	總務管理制度化	360 元
5	生產管理制度化	360 元
6	企劃管理制度化	360 元

《成功叢書》

1	猶太富翁經商智慧	360 元
2	致富鑽石法則	360 元
3	發現財富密碼	

《主管叢書》

1	部門主管手冊	360 元
2	總經理行動手冊	360 元
3	營業經理行動手冊	360 元
4	生產主管操作手冊	380 元
5	店長操作手冊	360 元

6	財務經理手冊	360 元
7	人事經理操作手冊	360 元

《醫學保健叢書》

1	9 週加強免疫能力	320 元
2	維生素如何保護身體	320 元
3	如何克服失眠	320 元
4	美麗肌膚有妙方	320 元
5	減肥瘦身一定成功	360 元
6	輕鬆懷孕手冊	360 元
7	育兒保健手冊	360 元
8	輕鬆坐月子	360 元
9	生男生女有技巧	360 元
10	如何排除體內毒素	360 元
11	排毒養生方法	360 元
12	淨化血液　強化血管	360 元
13	排除體內毒素	360 元
14	排除便秘困擾	360 元

《幼兒培育叢書》

1	如何培育傑出子女	360 元
2	培育財富子女	360 元
3	如何激發孩子的學習潛能	360 元
4	鼓勵孩子	360 元
5	別溺愛孩子	360 元
6	孩子考第一名	360 元

《人事管理叢書》

1	人事管理制度化	360 元
2	人事經理操作手冊	360 元
3	員工招聘技巧	360 元
4	員工績效考核技巧	360 元
5	職位分析與工作設計	360 元
6	企業如何辭退員工	900 元

工廠叢書⑯　　　　　　售價：380 元

品管圈活動指南

西元二〇〇六年十一月　初版一刷

作者：陳進福

策劃：麥可國際出版公司（新加坡）

校對：洪飛娟

打字：張美嫻

編輯：劉卿珠

發行人：黃憲仁

發行所：憲業企管顧問有限公司

電話：（02）2762-2241　0930872873

臺北聯絡處：臺北郵政信箱第 36 之 1100 號

郵政劃撥：**18410591 憲業企管顧問有限公司**

印刷所：巨有全印刷事業有限公司

常年法律顧問：江祖平律師

本公司徵求海外銷售代理商（0930872873）

局版台業字第 6380 號　　　　請勿翻印

ISBN 13：978-986-6945-24-3

ISBN 10：986-6945-24-3